Jens Brodzinski

Stadtmarketing: Die Zielgruppe der Ortsansässigen im Fokus von "be Berlin"

AF665862

IGEL Verlag

Brodzinski, Jens

Stadtmarketing: Die Zielgruppe der Ortsansässigen im Fokus von "be Berlin"

1. Auflage 2009 | ISBN: 978-3-86815-230-2

© IGEL Verlag GmbH , 2009. Alle Rechte vorbehalten.

Die Deutsche Bibliothek verzeichnet diesen Titel in der Deutschen Nationalbibliografie. Bibliografische Daten sind unter http://dnb.ddb.de verfügbar.

Dieses Fachbuch wurde nach bestem Wissen und mit größtmöglicher Sorgfalt erstellt. Im Hinblick auf das Produkthaftungsgesetz weisen Autoren und Verlag darauf hin, dass inhaltliche Fehler und Änderungen nach Drucklegung dennoch nicht auszuschließen sind. Aus diesem Grund übernehmen Verlag und Autoren keine Haftung und Gewährleistung. Alle Angaben erfolgen ohne Gewähr.

IGEL Verlag

IGEL Verlag

Inhaltsverzeichnis

Hinweis

Aus Gründen der leichteren Lesbarkeit wird in der vorliegenden Studie auf eine geschlechts-spezifische Differenzierung, wie z.B. Bewohner/in, Bürger/in oder Akteur/in, verzichtet. Die verwendeten Bezeichnungen sind, sofern nicht ausdrücklich anders dargestellt, als nicht ge-schlechtsspezifisch zu betrachten.

Abbildungsverzeichnis

Tabellenverzeichnis

Abkürzungsverzeichnis

Abb.	Abbildung
Anm. d. Autors	Anmerkung des Autors
bes.	besonders
bspw.	beispielsweise
bzw.	beziehungsweise
d.h.	das heißt
ebd.	ebenda
et al.	und andere
etc.	et cetera
f	folgende
ff	fortfolgende
ggf.	gegebenenfalls
i.d.R.	In der Regel
i.e.S.	im engeren Sinne
i.S.v.	im Sinne von
i.w.S.	im weiteren Sinne
insb.	Insbesondere
o.ä.	oder ähnliche
S.	Seite
s.	siehe
Tab.	Tabelle
u.a.	unter anderem
usf.	und so fort
vgl.	vergleiche
v.l.n.r.	von links nach rechts
z.B.	zum Beispiel

1 Einleitung

Das Echo in den lokalen und regionalen Medien war nur mäßig positiv, als Berlin im Mai 2007 ankündigte, eine „Imagekampagne" ins Leben rufen und dafür einen Millionen-Euro-Betrag bereitstellen zu wollen. Angesichts eines drückenden Schuldenberges und einer ohnehin angespannten Haushaltslage brachte das Vorhaben dem Land auch Häme ein: Ob man das Geld nicht an anderer Stelle sinnvoller einsetzen könne? Und: Sei Berlin nicht schon sexy[1] genug?

Dies ließ jedoch ungeachtet, dass eine Imagekampagne keinen Selbstzweck darstellt, sondern im Kontext eines ganzheitlichen Stadtmarketing klare psychologische Marketingziele[2] verfolgt, die nicht als von den ökonomischen Zielen unabhängig zu betrachten, sondern im Gegenteil „Voraussetzung [...] [für deren] Erreichung"[3] sind. Die Intention, das Produkt „Stadt" als Marke „Berlin" zu profilieren, war indes nicht neu, jedoch die Stoßrichtung, der der Name „Imagekampagne" i.e.S. nicht gerecht wird: Mehr als nur um *Image* ging und geht es um *Identität*.

„Viele Städte und Länder machen Imagekampagnen. [...] Wir machen das anders." Mit diesen einleitenden Worten brachte Berlins Regierender Bürgermeister, Klaus Wowereit, am 11. März 2008 in seiner „Eröffnungsrede zum Start der Markenkampagne ‚be Berlin'"[4] gleich dreierlei zum Ausdruck: erstens den Status Quo einer gewissen quantitativen Verbreitung des Instruments Stadtmarketing[5], zweitens eine unterschwellige Kritik an der Fokussierung auf den Faktor *Image*, und drittens die Dringlichkeit, sich im Wettbewerb mittels Alleinstellungsmerkmalen vorteilhaft gegenüber der Konkurrenz positionieren zu können[6] bzw. implizit den strate-

---

1 Die Phrase „Berlin – arm, aber sexy" geht zurück auf KLAUS WOWEREIT, Regierender Bürgermeister von Berlin: „Erstmals stellte Wowereit diesen Zusammenhang in einem Interview des Magazins FOCUS-Money im November 2003 her. Er wurde gefragt: ‚Macht Geld sexy?' und verneinte daraufhin einen Zusammenhang zwischen erotischer Ausstrahlung und Reichtum: ‚Nein. Das sieht man an Berlin. Wir sind zwar arm, aber trotzdem sexy.' Später gebrauchte Wowereit diesen Satz auch gern als persönlichen Berlin-Slogan. [...]" (Quelle: Artikel „Wowereits Berlin-Slogan – ‚Arm, aber sexy'" in: FOCUS ONLINE (Archiv). Stand: 19.10.2006, 11:15 Uhr. URL: http://www.focus.de/politik/deutschland/wowereits-berlin-slogan_aid_117712.html; zuletzt zugegriffen: 03.08.2008, 16:30 Uhr)

2 Erhöhung des Bekanntheitsgrades sowie Aufbau, Pflege bzw. Korrektur des Stadtimages. Vgl. BRUHN 2004, S. 27: „Erfolgskette" im Marketing: „Marketingaktivitäten → Kundenzufriedenheit → Kundenbindung → Ökonomischer Erfolg".

3 ebd.

4 s. Anhang I, S. 63 ff

5 vgl. BORNEMEYER 2002, S. 5

6 vgl. BRUHN 2004, S. 124, S. 210

gischen Anspruch, sich „im kollektiven Gedächtnis der anvisierten Zielgruppe[n] nachhaltig festsetzen"[7] zu wollen.

Tatsächlich, so stellt u.a. EBERT fest, „sehen sich Städte und Kommunen seit längerer Zeit einem kontinuierlichen Anpassungsdruck und wachsenden Wettbewerbsherausforderungen ausgesetzt"[8]; anders als die daraus abgeleiteten Konsequenzen reaktiver bzw. (pro)aktiver Natur, wie z.B. nachhaltige Konzepte eines institutionalisierten Stadtmarketing, sollen die u.a. sozioökonomischen, strukturpolitischen und globalisierungsbedingten Ursachen für jene „gewandelten [...] [und] verschärften Rahmenbedingungen"[9] im Zuge dieser Arbeit jedoch weitgehend unbeachtet bleiben. Ausgehend vom Status Quo also, wonach Stadtmarketing als „innovatives Instrument"[10] mittlerweile vielerorts in die kommunale Stadtentwicklungsplanung[11] Einzug gehalten hat, sollen vielmehr die adressierten Nachfrager des Produktes Stadt näher betrachtet werden: Woraus setzt sich das Stadtprodukt zusammen? Wer fragt es wie und warum nach? Und welche Anknüpfungspunkte ergeben sich daraus für das Stadtmarketing?

Auf Basis einer thematischen Einführung in grundlegende Begrifflichkeiten und Parameter des Stadtmarketing, werden hierzu, neben den Interessengruppen, zwei strategisch relevante Zielgruppenkategorien unterschieden: zum einen die Kategorie der „Externen", d.h. Nicht-Ortsansässige, zum anderen die Kategorie der „Internen", d.h. Ortsansässige[12]. Im Folgenden werden, ausgehend von der grundlegenden Unterscheidung der relevanten Primärzielgruppen und der Differenzierung der ihnen zugrunde liegenden Sekundär- bzw. Subzielgruppen, schwerpunktmäßig die mit der Ansprache der Kategorie der „Internen" verbundenen Ziele sowie die relevanten Bezugs- und Aktionsfelder des Stadtmarketing verdeutlicht.

Am Beispiel der Kampagne „be Berlin", die die genannten Zielgruppenkategorien getrennt in zwei Kampagnenphasen anspricht, wird dann problematisiert, inwiefern und mit welchem Ziel jenes nach innen gerichtete Stadtmarketing der ersten Kampagnenphase („sei Berlin") auf eine Steigerung der *„Identifikation (mit der Stadt)"*[13] abzielt und wie sich dies von

---

7 REMY 2006, S. 65; vgl. auch BORNEMEYER 2002, S. 25

8 EBERT in: MEFFERT/BURMANN/KOERS 2005, S. 564

9 KLEE/MEISSNER/WIEDMANN 2002, S. 3

10 WIECHULA 2000, S. 3

11 vgl. BORNEMEYER 2002, S. 5

12 vgl. ebd., S. 20

13 vgl. EBERT in: MEFFERT et al. 2005, S. 564; Hervorhebung: eigene

dem eingangs erwähnten Faktor *Image* unterscheidet. Anhand der Kampagnenkonzeption wird darüber hinaus aufgezeigt, wie Stadtmarketing die interne Dimension der Identität zur Optimierung der Außenwahrnehmung instrumentalisiert.

Da das dieser Arbeit zugrunde liegende Kampagnenbeispiel zum Zeitpunkt der Betrachtung (Sommer 2008) noch in der ersten Umsetzungsphase befindlich ist, kann eine abschließende Betrachtung über den Berliner Stadtmarketingprozess, insbesondere über dessen Erfolg, nicht gegeben werden. Gemäß dem Betrachtungsschwerpunkt wird ferner der der Stadtmarketingaktivität zugrunde liegende Analyse- und Planungsprozess nur verkürzt wiedergegeben bzw. auf die für den Schwerpunkt wesentlichen Punkte reduziert.

Auf originäres Material musste bei der Betrachtung des Kampagnenbeispiels weitgehend verzichtet werden, da die federführende Agentur Berlin Partner Anfragen auf Herausgabe und Einsicht von Informationen negativ beschied. So stützt sich die Betrachtung vornehmlich auf (Sekundär-)Quellen wie z.B. kampagnenbezogene Veröffentlichungen der auftraggebenden Berliner Senatskanzlei (siehe Anhang).

2 Theoretische Grundlagen des Stadtmarketing

Nach einer einleitenden Betrachtung des Produktes Stadt und seiner relevanten Nachfrager(-gruppen), gibt dieses Kapitel eine thematische Einführung in grundlegende Begrifflichkeiten, Bezugsebenen und Planungs- bzw. Prozessparameter des Stadtmarketing.

2.1 Das Produkt Stadt (I)

Der angebotsorientierten Produktdefinition nach KOTLER/ARMSTRONG zufolge ist ein Produkt „alles, was einem Markt zwecks Erlangung von Aufmerksamkeit, zum Erwerb, zum Gebrauch oder Verbrauch angeboten werden kann und geeignet ist, Wünsche oder Bedürfnisse zu befriedigen“[14]; hierzu zählten u.a. Orte, ergo Städte. Im Unterschied zu klassischen kommerziellen Produkten zeichnen sich Städte jedoch durch ihre Eigenart als Leistungsbündel aus, weswegen EBERT Parallelen mit den Charakteristika von Dienstleistungen sieht[15]: Diese seien a) die Integration der Nachfrager in den Leistungserstellungsprozess, b) die zeitliche Verzögerung zwischen Erwerb und Inanspruchnahme einer regionalen Leistung, c) die oftmalige Immaterialität der Leistung sowie c) der hohe Stellenwert der Faktoren Erfahrung und Vertrauen. Nun wird jedoch das Produkt Stadt nicht ausschließlich innerhalb einer bipolaren Anbieter-Nachfrager-Beziehung gehandelt; den Produktbegriff auf das Angebot kommunaler Leistungen zu reduzieren, würde also zu kurz greifen. Ausgehend von der Annahme einer Integration der Nachfrager in den Leistungserstellungs- und Leistungsgestaltungsprozess ergibt sich die Betrachtung, wonach diese gewissermaßen Teil ihres „Eigenprodukt[es] Stadt“[16] selbst sind (z.B. als Imageträger).

2.1.1 Nachfragergruppen des Produktes Stadt

Grundsätzlich lassen sich interne und externe Nachfrager- bzw. Anspruchsgruppen unterscheiden. Als Interne sind zum einen Bewohner (d.h. Einwohner bzw. Bürger)[17], sowie zum anderen ortsansässige Wirt-

---

[14] KOTLER/ARMSTRONG 1997, S. 336; vgl. auch KOTLER/BLIEMEL 1995, S. 8 und S. 659

[15] EBERT in: MEFFERT et al. 2005, S. 564f

[16] KONKEN 2006, S. 242

[17] Als *Einwohner* werden all jene meldeamtlich erfassten Personen verstanden, deren Ortsansässigkeit auf Dauer ausgelegt ist, unabhängig davon, ob sie an dem Ort ihren Erst- oder Zweitwohnsitz haben. Somit eher statistisch orientiert, unterscheidet sich der Begriff von dem des *Bürgers*, der am Ort nicht nur wohnhaft, sondern auch qua Erstwohnsitz wahlberechtigt ist (vgl. KONKEN 2006, S. 242). Um

schaftsbetriebe, Interessenverbände und Organisationen (hierzu gehören sämtliche am Ort niedergelassenen öffentlichen, gemeinnützigen und privatwirtschaftlichen Betriebe und Organisationen) zu verstehen, als Externe Einpendler, Touristen, Messeaussteller Investoren etc. Diese Gruppen sind untereinander wie auch innerhalb gekennzeichnet durch Heterogenität; so sei EBERT zufolge das Produkt Stadt mit „[...] teilweise divergierenden Ansprüchen [...]"[18] seitens der Nachfrager und deren „[...] selektive[r] beziehungsweise rollenbezogene[r] Wahrnehmung [...]"[19] konfrontiert. Das Produkt Stadt muss also verschiedenste Bedürfnisse parallel befriedigen: Für einen Bewohner ist Stadt i.w.S. Lebens- und Arbeitsraum sowie urbane Projektionsfläche, für ein ortsansässiges Unternehmen Rekrutierungsfeld für Ressourcen und Standortvorteile, für einen Touristen das Versprechen auf Kurzweil und „Tapetenwechsel".

Das Produkt Stadt – gemäß dem „weiten" Produktverständnis nach BRUHN[20] – ist also zu verstehen als hybrides, integriertes, in verschiedenen Märkten positioniertes Produkt[21], das verschiedenen Nachfragern einerseits zur individuellen Bedürfnisbefriedigung gereicht und andererseits diese interaktiv in den Gestaltungsprozess involviert.

---

also sämtliche privaten ortsansässigen Nachfrager des Produktes Stadt zu beschreiben, ist der Sammelbegriff *Einwohner* zwar hinreichend; jedoch bleiben Unterschiede hinsichtlich der Art der Nachfrage unberücksichtigt. Wenn nun KONKEN diesen Sammelbegriff gar pauschal auf die allgemeine Zielgruppendefinition übertragt (ebd.), wird eine im Zuge des operativen Stadtmarketing mitunter durchaus sinnvolle Differenzierung negiert: So bleiben bestimmte Bürgerdienste von Rechts wegen den Bürgern vorbehalten; diesbezügliche Maßnahmen hätten die *Bürger*, nicht die *Einwohner* im Fokus. Werden andererseits neben ortsansässigen Wirtschaftsbetrieben, Interessenverbänden und Organisationen ausschließlich *Bürger* als interne Zielgruppe identifiziert oder mit *Einwohnern* synonym bezeichnet (vgl. u.a. BORNEMEYER 2002, GRABOW-HOLLBACH-GRÖMIG 1998), so kann dies ebenfalls zu verfälschten Betrachtungen führen (zu Zielgruppen s. Kapitel 2.4). Daher werden *Einwohner* und *Bürger* im Folgenden im Begriff *Bewohner* zusammengefasst, sofern eine differenzierte Betrachtung nicht zwingend ist. Dies trägt zudem – in Abgrenzung zum Verständnis von Stadt als Verwaltungs- bzw. Rechtssystem – dem erweiterten Verständnis von Stadt als Lebensraum Rechnung.

18 EBERT in: MEFFERT et al. 2005, S. 564

19 ebd.

20 vgl. BRUHN 2004, S. 28f: Zusammenfassung materieller Sach- und immaterieller Dienstleistungen im Produktbegriff.

21 KONKEN definiert das Produkt Stadt u.a. als „[...] die Summe aller **Güter, Angebote, Dienst- und Serviceleistungen** sowie der **Attraktivitätskriterien**, die in dem Ort vorhanden sind bzw. erbracht werden." (KONKEN 2006, S. 251; Hervorhebungen im Original)

2.1.2 Das Produkt Stadt (II)

Gemäß dem Schwerpunkt dieser Arbeit wird nun eine Ausdifferenzierung des Produktes Stadt auf seine *Fünf Dimensionen* (analog zu den „Fünf Konzeptionsebenen“[22] nach KOTLER/BLIEMEL) beispielhaft anhand der internen Nachfragergruppe der Bewohner vorgenommen. Daraus ergibt sich folgende Darstellung (Abb. 1):

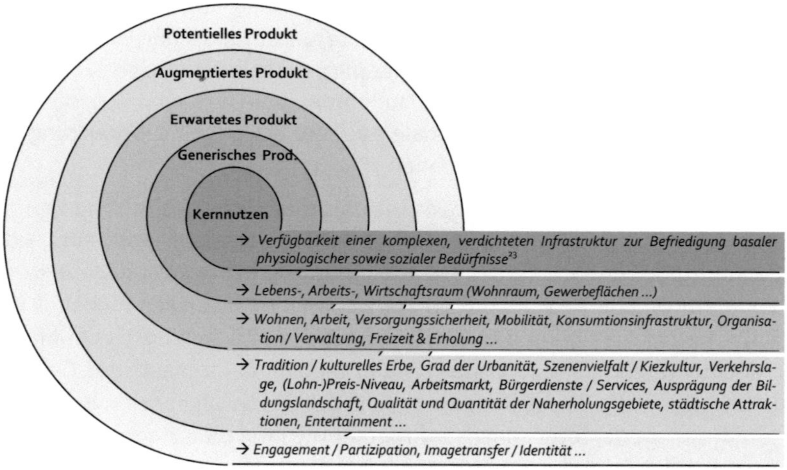

Abb. 1: Dimensionen des Produktes Stadt

(eigene Darstellung in Anlehnung an KOTLER/BLIEMEL 1995, S. 660)

Aufgrund der in Kapitel 2.1.1 ausgeführten selektiven bzw. rollenbezogenen Wahrnehmung der einzelnen Nachfrager(-gruppen) ist eine allgemeingültige Darstellung der Dimensionen des Produktes Stadt nicht möglich, da bereits der jeweils wahrgenommene Kernnutzen variiert; ohnehin sei, so KONKEN, für Stadtmarketing „[...] die kernproduktbezogene Stadtproduktpolitik zwar notwendig, [...] aber nur selten hinreichend.“[24] Im Zuge des Stadtmarketing gilt es nun, – bezogen auf die Produktdi-

---

22 vgl. KOTLER/BLIEMEL 1995, S. 660ff

23 vgl. hierzu die „MASLOWSCHE BEDÜRFNISPYRAMIDE“ (vgl. GERRIG/ZIMBARDO 2005, S.389): MASLOW beschreibt das der menschlichen Motivation zugrunde liegende Streben nach Befriedigung von Bedürfnissen in seinem 1943 veröffentlichten hierarchisch gegliederten 5-Stufen-Modell: 1.: Körperliche Bedürfnisse, 2.: Sicherheit, 3.: Soziale Beziehungen, 4.: Soziale Anerkennung, 5.: Selbstverwirklichung.

24 KONKEN 2006, S. 256

mensionen – funktionale Schnittmengen zu identifizieren, um mittels einer bedürfnisorientierten Ansprache der Nachfrager(-gruppen) das Produkt Stadt bestmöglich zu „vermarkten".

2.2 Stadtmarketing – Begriffsabgrenzung und Definition

Seit Mitte der 1980er-Jahre das Stadtmarketing sich als Instrument zu etablieren begann[25], konnte sich bislang noch keine einheitliche Definition des Stadtmarketingbegriffs durchsetzen; MAUER führt dies zurück auf „[...] eine Vielzahl theoretischer Ansätze und praktischer Umsetzungen [...]"[26] innerhalb der noch jungen Disziplin. Jedoch konstatiert er Tendenzen, wonach „[...] in der Literatur zunehmend die wesentlichen, das Marketing kennzeichnenden Merkmale auch für die Begriffsabgrenzung des Stadtmarketing Verwendung finden."[27]

In Anlehnung an die in der Praxis oftmals fälschlicherweise synonym gebrauchten Begriffe wie z.B. Citymarketing, Stadtteilmarketing oder Standortmarketing[28], begreift MAUER Stadtmarketing als „Oberbegriff", von dem es jene Artverwandten „[...] jeweils im speziellen Einzelfall und unter Berücksichtigung des inhaltlichen und räumlichen Fokus der Marketingaktivitäten [...] abzugrenzen"[29] gilt. So beinhaltet bspw. das Citymarketing sämtliche Aktivitäten eines „auf den Innenstadtbezirk von (Groß-)Städten"[30] gerichteten *Innenstadt*marketing, lässt die „Stadt als Ganzes"[31] jedoch unberücksichtigt[32]. Während sich Citymarketing also durch einen räumlich enger orientierten Fokus vom Stadtmarketing abgrenzt, charakterisiert bspw. Standortmarketing wiederum eine klar inhaltlich orientierte Fokussierung: Es ist zu begreifen als zielgerichtetes Marketing zur Attraktivitäts- und somit Wettbewerbsfähigkeitssteigerung eines Standortes zwecks Bindung und Ansiedlung von Unternehmen.[33] Einzig das Aktionsfeld *Wirtschaft/Unternehmen* abdeckend, ist es nach KONKEN daher zum „operativen Teil"[34] des Stadtmarketing zu zählen, nicht jedoch mit

---

25 vgl. BORNEMEYER 2002, S. 5; vgl. auch BIRK/LEPPA 2002, S. 3 sowie BIRK/GRABOW/HOLLBACH-GRÖMIG 2006, S. 19

26 MAUER 2003, S. 19

27 ebd.

28 vgl. auch HESS 2003, S. 19 sowie KURON/BONA 2000, S. 6ff

29 MAUER 2003, S. 19

30 KLEE et al. 2002, S. 17

31 ebd., sowie GRABOW/HOLLBACH-GRÖMIG 1998, S. 63

32 vgl. auch BORNEMEYER 2002, S. 8

33 vgl. HESS 2003, S. 19

34 KONKEN 2006, S. 70; vgl. auch KÖGLER 2006, S. 3

diesem gleichzusetzen (Die verschiedenen Aktionsfelder des Stadtmarketing werden in Kapitel 2.5 eingehend betrachtet.).

MAUER zufolge umfasst Stadtmarketing vielmehr „[...] alle Aktivitäten, die dem Ziel dienen, die Attraktivität einer Kommune für die verschiedenen Zielgruppen zu erhöhen. Diese Aktivitäten müssen – um als Stadtmarketing zu gelten – auf einem strategisch durchdachten Wettbewerbskonzept basieren, das den lokalen Spezialisierungsvorteilen durch die Positionierung der Stadt im Wettbewerb der Kommunen Rechnung trägt."[35] Weiter führt er an, dass diese Maßnahmen „[...] darüber hinaus im Rahmen einer auf Dauer angelegten, institutionalisierten Zusammenarbeit zwischen privaten und öffentlichen Akteuren im Sinne einer über Einzelprojekte hinausgehenden Public Private Partnership (PPP) erfolgen [müssen]."[36]

Das Konzept solch einer langfristorientierten, institutionalisierten Zusammenarbeit beschreibt HÄUSSERMANN im Abschlusskompendium der Fachkonferenz Stadtentwicklung, die von der Grünen-nahen Heinrich-Böll-Stiftung zwischen 2003 und 2006 eingerichtet worden war, als „New Urban Governance"[37]: Zwar würde der öffentlichen Verwaltung und städtischen Politik auch weiterhin eine zentrale, maßgebliche Rolle zukommen; jedoch wären sie kein alleiniger Player in jenem „System lokaler Steuerung"[38], das zunehmend „[...] alle Organisationen und (Interessen-) Gruppen, die bewusst einen Beitrag zur Entwicklung der Stadt leisten"[39], umfasst. Das Bestreben der verantwortlich zeichnenden Initiatoren muss also u.a. sein, ein geeignetes Klima für eine solche „kooperative Stadtentwicklung"[40] zu schaffen, damit die „[...] Nutzbarmachung lokaler Kenntnisse, Kreativität und Kompetenz geling[t]."[41]

---

35 MAUER 2003, S. 19

36 ebd.

37 HÄUSSERMANN in: Heinrich-Böll-Stiftung (Hrsg.) 2006, S. 124f

38 ebd.: „Da dieses System sich mithin aus öffentlichen und privaten Akteuren zusammensetzt, kann man nicht (mehr) von lokaler Regierung (government) sprechen, wenn jenes Akteursnetz bezeichnet werden soll, das die politischen Entscheidungen trifft und auch implementiert. Vielmehr muss man einen Begriff wählen, der das stabile Zusammenspiel von öffentlichen und privaten Akteuren in einer erweiterten Perspektive aufnimmt und ausdrückt. Der Wandel von ‚government' zu ‚governance' ist nicht nur eine Konsequenz der veränderten Rahmenbedingungen, sondern auch der veränderten Aufgaben."

39 ebd.

40 GRABOW/HOLLBACH-GRÖMIG 1998, S.30: „Umfassendes Stadtmarketing ist kooperative Stadtentwicklung mit dem Ziel der Aufwertung einer Stadt und ihrer Leistungen für Bürger, Wirtschaft und Auswärtige durch verbesserte Kommunikation und langfristige Partnerschaft zwischen allen, die an der Gestaltung des Lebens-

Während MAUER diesem partizipativ und an den Anspruchsgruppen orientierten Stadtmarketingverständnis von GRABOW/HOLLBACH-GRÖMIG weitgehend folgt, definiert BORNEMEYER Stadtmarketing „[...] als die marktorientierte Führung einer Stadt durch die Analyse, Planung und Kontrolle derjenigen städtischen Aktivitäten, die auf die Erreichung der gesetzten Marketingziele *unter besonderer Berücksichtigung der städtischen Zielgruppen* gerichtet sind."[42] Kooperation und Partizipation erscheinen hier als Mittel, nicht aber als Ziel verstanden zu werden. Bemerkenswert ist jedoch die Betonung, dass sämtliche Maßnahmen, d.h. sowohl innen- wie auch außengerichtete, *unter besonderer Berücksichtigung der städtischen Zielgruppen* zu erfolgen hätten: Demnach sind, neben dem internen Interessenausgleich, selbst extern orientierte Maßnahmen als im Interesse der Internen erfolgend zu betrachten bzw. dürfen diese nicht unberücksichtigt lassen. Stadtmarketing hat somit auch eine „Beziehungsmanagementfunktion" inne.[43]

2.3 Ziele des Stadtmarketing

Der Annahme BORNEMEYERs folgend, wonach „Stadtmarketing mit dem Zweck des Transfers betriebswirtschaftlicher Führungskonzepte [..] den umfassendsten Ansatz zur Bewältigung kommunaler Probleme [*und Herausforderungen – sowohl gegenwärtiger als auch zukünftiger –; Anm. d. Autors*] dar[stellt]"[44] und dass, wie MAUER anmerkt, „[w]ie im betrieblichen Marketing [...] auch im Stadtmarketing nicht die Kommunikationspolitik, sondern die Produktpolitik das ‚Herz des Marketing' [ist]", dann ist die Intention eines ganzheitlichen Stadtmarketing zu begreifen als Streben nach Verbesserung[45], Differenzierung und Steigerung der Wettbewerbsfähigkeit des Produktes Stadt im Interesse der Gesamtheit der städtischen Anspruchsgruppen.

In relevante Ziele übersetzt, lässt sich diese Intention in folgender Übersicht veranschaulichen (s. Tab. 1). Hierzu wurde der von BORNEMEYER er-

---

raumes Stadt mitwirken, durch die gemeinsame Entwicklung und Umsetzung konkreter Projekte auf der Grundlage von partnerschaftlich erarbeiteten Leitlinien und offensiver, konsensorientierter Diskussion von Zielkonflikten." (Zitiert auch bei MAUER 2003, S. 20 sowie BORNEMEYER 2002, S. 6.)

41 BALDERJAHN 2000, S. 97

42 BORNEMEYER 2002, S. 6; Hervorhebung: eigene

43 vgl. BRUHN 2004, S. 31: Paradigmenwechsel in der Marketingwissenschaft vom kurzfrist- und informationsorientierten *Transaktions*marketing zum langfrist- und dialogorientierten *Beziehungs*marketing

44 WIECHULA 2000, S. 3

45 vgl. GRABOW/HOLLBACH-GRÖMIG 1998, S. 61

stellte Zielkatalog, eine nach Häufigkeit der Nennungen in der einschlägigen Literatur gewertete Zusammenstellung der wichtigsten Ziele[46], auf die zehn Wesentlichen reduziert[47]:

(1)	Steigerung der Attraktivität der Stadt
	(a) als Wirtschaftsstandort
	(b) als Wohnort
	(c) als Einkaufsort
	(d) als touristischer Anziehungspunkt
(2)	Aufbau, Korrektur und Pflege eines Stadtimages
(3)	Steigerung der Wettbewerbsfähigkeit der Stadt
(4)	Steigerung des finanziellen Handlungsspielraumes der Stadt
(5)	Ausrichtung der städtischen Leistungen auf den Bürger [*bzw. Bewohner*]
(6)	Erhöhung bzw. Schaffung eines überregionalen Bekanntheitsgrades
(7)	Verbesserung der Identifikation der Bürger [*bzw. Bewohner*] mit ihrer Stadt
(8)	Verbesserung der Zufriedenheit unterschiedlicher Anspruchsgruppen mit der Stadt
(9)	Förderung der Zusammenarbeit wichtiger Handlungsträger in der Stadt
(10)	Erhaltung/Steigerung der Einwohnerzahl („Kundenbindung")

Tab. 1: Zielkatalog im Stadtmarketing

(nach BORNEMEYER 2002, S. 20; der von BORNEMEYER verwendete Begriff „Bürger" wurde um den Zusatz „bzw. Bewohner" ergänzt (vgl. Kapitel 2.1.1))

Nun sind die im Zielkatalog aufgeführten Ziele i.d.R. nicht isoliert zu betrachten; auch ist ihre Rangfolge keineswegs als statisch zu begreifen. GRABOW/HOLLBACH-GRÖMIG betonen, dass die Zielhierarchisierung in en-

46 BORNEMEYER 2002, S. 20

47 Das in BORNEMEYERS „Zielkatalog im Stadtmarketing" (s. Tab. 1) ursprünglich aufgeführte Ziel (11), „Verminderung der Probleme durch ruhenden und/oder fließenden Verkehr", soll hier unbeachtet bleiben, da es sich, anders als die Ziele (1) bis (10), von vornherein „[...] konkret auf ein Aktionsfeld [...]" bezieht und damit von der Betrachtung der allgemeinen Oberziele abweicht. Den Verkehr betreffende Ziele sollen daher hier als allgemein in Ziel (1) zusammengefasst begriffen werden, da z.B. Maßnahmen wie Fahrradstraßen oder verkehrsberuhigten Zonen (Aktionsfeld *Verkehr*) sowie verwandte Maßnahmen zur Erfüllung von Umweltauflagen (Aktionsfeld *Umwelt*) etc. indirekt zur Attraktivitätssteigerung der Stadt beitragen sollen (obschon die sogenannten „Umweltzonen" im Innenstadtbereich insbesondere vonseiten vieler Autofahrer und des Lieferverkehrs kaum als attraktiv angesehen werden, entstehen ihnen doch nicht unerhebliche Mehrkosten; angesichts dieses Zielkonfliktes käme die Beziehungsmanagementfunktion des Stadtmarketing zum tragen (vgl. Kapitel 2.2)).

gem Verhältnis zu der auf jeweils individuellen Gegebenheiten (wie z.B. Größe der Stadt) fußenden Wahrnehmung von als wünschenswert und/oder notwendig identifiziertem Handlungsbedarf steht.[48] So würden bspw., bedingt u.a. durch strukturelle Gegebenheiten, kleinere Städte andere bzw. anders gewichtete Ziele verfolgen als Metropolen. Bereits der ortstypische Grad der Heterogenität der jeweils vorhandenen Nachfragergruppen und ihrer Ansprüche/Interessen impliziert eine Handlungsbedarfsbetrachtung und Zielformulierung im Einzelfall.

Unterschiede bei der Zielformulierung führen GRABOW/HOLLBACH-GRÖMIG zudem auf das teilweise differierende Verständnis von Stadtmarketing (s. Kapitel 2.2) zurück: Würde – im Unterschied zur erwähnten „partizipativen, kooperativen Stadtentwicklung", die die Stadt als komplexes Ganzes betrachtet und ihre Ziele aus der „[...] Vielfalt der stadtrelevanten Themenfelder [...]"[49] generiert – Stadtmarketing verstanden als „‚Verkaufsstrategie'", die auf eine Optimierung der Positionierung im Wettbewerb abzielt, so bliebe innengerichteter Handlungsbedarf gänzlich unberücksichtigt. GRABOW/HOLL-BACH-GRÖMIG differenzieren daher verschiedene in der Praxis gebräuchliche Stadtmarketing*typen*[50], die zwar einzelne Elemente des Stadtmarketing kombinieren, jedoch keinen ganzheitlichen Ansatz von Stadtmarketing verfolgen und daher hier vernachlässigt werden sollen.

Parallel zur in Kapitel 2.2 genannten Abgrenzung nach inhaltlichem bzw. räumlichem Aktions-Fokus der beabsichtigten Maßnahmen, nimmt BORNEMEYER eine strategisch bedeutsame Unterscheidung in „außen- und innengerichtete Ziele"[51] vor. Demnach „[...] beziehen sich [innengerichtete Ziele] [...] auf potentielle Zielgruppen in den Städten, d.h. z.B. Bürger und ortsansässige Unternehmen, während sich außengerichtete Ziele bspw. auf nicht-ortsansässige Unternehmen, potentielle Neu-Bürger, Besucher und Pendler beziehen."[52] (Dies geht einher mit der bereits angeführten Unterscheidung in die beiden Nachfragerkategorien der „Internen" und „Externen"; vgl. Kapitel 2.1.1.) Mindestens einer dieser beiden Zielkategorien sowie entsprechenden Aktionsfeldern sind jene im Zielkatalog beispielhaft gelisteten Ziele – nach vorangegangener situativer Konkretisierung[53] und stadtindividueller Formulierung – zuzuordnen.

---

48 vgl. GRABOW/HOLLBACH-GRÖMIG 1998, S. 64

49 ebd., S. 63

50 vgl. ebd., S. 39

51 BORNEMEYER 2002, S. 20

52 ebd.

53 ebd., S. 21

Bevor in Kapitel 2.5 die zugrunde liegenden Strategieüberlegungen und Aktionsfeldidentifizierungen erläutert werden, richtet sich der Blick zunächst auf die adressierten Zielgruppen.

2.4 Zielgruppen und Akteure

Nachdem bereits die Nachfrager, und in besonderem Maße die Gruppe der Internen, als Teil des Produktes Stadt selbst identifiziert wurden, stellt sich die Frage, wie diese für den Stadtmarketingprozess als Zielgruppen definiert werden können.

Erschwert wird eine solche Betrachtung dadurch, dass im Rahmen des Stadtmarketing „[...] Zielgruppen und Akteure in großen Teilen identisch sind"[54], wie GRABOW/HOLLBACH-GRÖMIG anmerken und damit auf eine Sonderstellung, wenn nicht gar auf ein Alleinstellungsmerkmal des Stadtmarketing im betriebswirtschaftlich Marketingverständnisses hinweisen.[55] Obschon die Stadtverwaltung als Initiator den gesamten Stadtmarketingprozess, bestehend aus Analyse, Planung, Durchführung und Kontrolle, verantwortet und koordiniert, sind bspw. Bürger, ortsansässige Unternehmen, Vereine, Industrie- und Handelskammern oder Kirchen[56], die direkt in den Stadtmarketingprozess integriert sind, nicht nur als Zielgruppe, sondern gleichsam als Akteure zu verstehen, da „[...] Maßnahmen in der Regel aus der Kooperation verschiedener Beteiligter [entstehen] [..]", dienten sie doch „zur Aufwertung des eigenen Lebensraumes."[57] Den Faktor „gemeinsamer Lebens- bzw. Wirtschaftsraum" zur Grundlage nehmend, ist folgerichtig, dass Externe nicht zu den Akteuren gerechnet werden können.[58]

Ausgehend von der nach BORNEMEYER kategorisierten Zielbetrachtung „Innen" und „Außen" (s. Kapitel 2.3) lässt sich bereits eine deutliche Heterogenität der Zielgruppenkategorien feststellen, die sich auch innerhalb der Kategorien zwischen den einzelnen Zielgruppen wiederfindet – so sind zwar bspw. Bürger und ortsansässige Unternehmen beiderseits der Kategorie der „Internen" zuzuordnen, jedoch haben sie mitunter divergierende Interessen bzw. entgegengerichtete Ansprüche an das Produkt Stadt (s. Kapitel 2.1.1). BORNEMEYER plädiert daher für eine differenzierte

---

54 GRABOW/HOLLBACH-GRÖMIG 1998, S. 65

55 vgl. GRABOW/HOLLBACH-GRÖMIG 1998, S. 16ff: „[E]ine 1:1-Übertragung des originären Marketingansatzes war unmöglich [...]. [...] Diesem Umstand versuchte man durch erweiterte Marketingdefinitionen gerecht zu werden. [...]"

56 vgl. ebd., S. 71

57 ebd., S. 19

58 vgl. HESS, S.25f

Ansprache der Zielgruppen[59]: Es gelte den heterogenen Gesamtmarkt der Nachfrager in homogene Teilmärkte aufzuteilen. Hierzu werden zuvorderst die Primärgruppen „Interne" und „Externe" unterschieden.

2.4.1 Zielgruppenkategorie I: Die Externen

Als Externe sind all diejenigen zu begreifen, die innerhalb des Stadtgebietes keinen Wohn-, Vereins- oder Unternehmenssitz o.ä. haben. Hinsichtlich der Primärgruppe der Externen lassen sich zwei Sekundärgruppen ausmachen, die ihrerseits wiederum nicht zwingend als Zielgruppengemeinschaft zu verstehen, sondern in Abhängigkeit zur Zielorientierung vielmehr zur Ausbildung weiterer Subzielgruppen geeignet sind.

Die erste Sekundärgruppe setzt sich aus jenen Nicht-Ortsansässigen zusammen, die das Produkt Stadt nur kurzzeitig und punktuell nachfragen, wie z.B. Touristen, Einpendler, Geschäftsreisende und Messebesucher. Die zweite Sekundärgruppe bilden jene Auswärtige, die bislang nicht zu den Nachfragern zählten, jedoch als potentielle Nachfrager anvisiert werden (sollen), wie z.B. Neubürger, auswärtige Unternehmen, Investoren, Veranstaltungsbesucher, Touristen und Hochschulzugangsberechtigte (d.h. künftige Studienanfäger). Regionalen, nationalen bzw. internationalen Medien kommt hierbei eine Sonderrolle zu, da sie ausschließlich als Multiplikatoren adressiert werden (Andernfalls sind sie zu den auswärtigen Unternehmen zu zählen.).

Dass es zwischen den Sekundärgruppen durchaus Überschneidungen gibt, stellt keinen Widerspruch dar: Bspw. beim Aktionsfokus Tourismus lassen sich die Zielorientierungen dahingehend differenzieren, als dass die Marketingmaßnahmen einerseits auf eine Optimierung des Bestandstourismus (Wegeleitsysteme, Info- und Servicepoints, etc.), andererseits auf die Tourismus(an)werbung (Destinationspromotion) gerichtet sein können – wobei wiederum eine Potenzierung des Erfolgs durch wechselseitige Beeinflussung möglich ist (z.B. indem besondere Services wie WelcomeCard etc. als komparativer Konkurrenzvorteil in die werbliche Kommunikation integriert werden).

Die möglichen Zielorientierungen bezüglich der Bearbeitung der externen Sekundärzielgruppen lassen sich wie folgt typologisieren (Tab. 2):

[59] BORNEMEYER 2002, S. 25; vgl. auch KONKEN 2006, S. 236: „[...] Stadtmarketing [fordert] die Anwendung des Prinzips der differenzierten Marktbearbeitung."

- <u>Sekundärgruppe 1:</u> **temporäre und punktuelle Nachfrage**

Zielorientierung 1a:	Bindung (i.S.v. Steigerung der Nachfragehäufigkeit und/oder Ausweitung des Nachfragespektrums)
Zielorientierung 1b:	Hinzugewinnung (i.S.v. Erweiterung des Bestandes)

- <u>Sekundärgruppe 2:</u> **potentielle Nachfrager**

Zielorientierung 2a:	Neugewinnung für (wiederholte) temporäre und punktuelle Nachfrage
Zielorientierung 2b:	Neugewinnung für dauerhafte Nachfrage

Tab. 2: Typologie externer Zielorientierungen

(eigene Darstellung)

In diesen Zusammenhang ist auch die produktpolitische Differenzierung des Produktes Stadt zu stellen, deren Ziel ist, „[...] das Produkt besser auf die verschiedenen Bedürfnisse potentieller [..] [Nachfrager] (Marktsegmente) abzustimmen."[60] Bspw. können innerhalb der Disziplin des Tourismusmarketing gezielt *Kultur*touristen umworben werden, indem speziell auf ihre Bedürfnisse zugeschnittene Angebote erstellt und kommuniziert werden; der Profilierung als Wissenschaftsstandort wiederum ist das gezielte Anwerben von Studienanfängern zuträglich. So sind der Formulierung neuer, zusätzlicher (Sub-)Zielgruppen kaum Grenzen gesetzt – nicht zuletzt dann, wenn durch Diversifikation des Leistungsprogramms gänzlich neue Märkte erschlossen werden und somit der Zugang zu weiteren Zielgruppen ermöglicht wird.

Grundsätzlich gilt, dass solcherlei produktpolitische Entscheidungen, die auch in Abhängigkeit zur jeweiligen gegebenen Angebotsbreite und -tiefe des Leistungsbündels Stadt zu sehen sind, sowohl die Zielgruppe der Externen wie auch der Internen bzw. den Binnenmarkt fokussieren können. Diese Überlegungen werden im Rahmen der Strategiebestimmung berücksichtigt (Kapitel 2.5).

2.4.2 Zielgruppenkategorie II: Die Internen

In Abgrenzung zu den Externen sind als Interne all diejenigen zu begreifen, die ihren Wohn- oder Unternehmenssitz innerhalb des Stadtgebietes haben. Auch hinsichtlich dieser zweiten Primärgruppe lassen sich zwei heterogene Sekundärgruppen unterscheiden – Bewohner sowie Wirt-

[60] vgl. THOMMEN/ACHLEITNER 2001, S. 164f

schaftsbetriebe und Organisationen – die ihrerseits wiederum nicht zwingend als Zielgruppengemeinschaft zu verstehen, sondern vielmehr zur Ausbildung weiterer Subzielgruppen geeignet sind.

Während zu der Sekundärgruppe *Bewohner* sämtliche ortsansässigen Privatpersonen – also Einwohner im Allgemeinen wie Bürger im Besonderen (vgl. Kapitel 2.1.1) – zu rechnen sind, umfasst die Sekundärgruppe *Wirtschaft/Organisationen* das ortsansässige Gewerbe, den ortsansässigen Handel, ortsansässige Unternehmen, lokale bzw. regionale Medien, Schulen und Universitäten, Kirchen sowie ortsansässige Organisationen, Vereine, Stiftungen und Verbände.

Da für den finanziellen Handlungsspielraum der Stadt (vgl. *Zielkatalog*, Tab. 1) das Steueraufkommen von tragender Bedeutung ist, bietet sich – u.a. in Ergänzung zur in Kapitel 2.4.1, Tab. 2 beschriebenen Zielorientierung „Neugewinnung für dauerhafte Nachfrage" – eine weitere Differenzierungsbetrachtung an (s. Abb. 2):

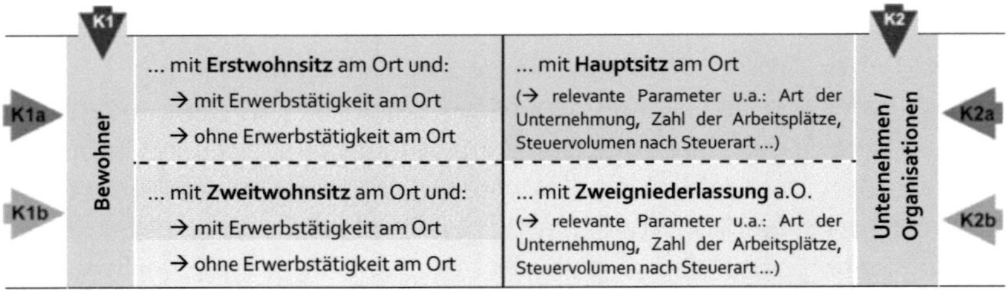

Abb. 2: Kategorien (K1+K2) dauerhafter Nachfrager. „Interne" nach Steuerrelevanz (a+b)

(eigene Darstellung)

Auf eine detailliertere Betrachtung wird aufgrund der Komplexität des Steuer- und Verteilungssystems[61] im Rahmen dieser Arbeit verzichtet. Festzuhalten gilt, dass die Höhe des Steuer- und Abgabenaufkommens der Ortsansässigen den Stadthaushalt maßgeblich beeinflusst.

2.4.3 Zielgruppenmerkmale

Die Differenzierung anhand der Kategorisierung „Interne/Externe" wird durch eine vertiefende Differenzierung anhand spezifischer Zielgruppen*merkmale* (s. Tab. 3), die für eine zielgerichtete Zielgruppenansprache unabdingbar ist, jeweils ergänzt.

---

61 Aufschlüsselung der Einnahmen der Stadt aus Gemeinde-, Landes- sowie Gemeinschafts- bzw. Bundessteuern.

Sozio-demografische Merkmale	**Sozio-Ökonomische Merkmale**
• Alter	• Einkommen, Kaufkraft
• Geschlecht	• Haushaltsgröße
• Familienstand	• Ausbildung
• Nationalität	• Beruf
• Wohnort (Bezirk, „Kiez")	• Besitzmerkmale
• Religionszugehörigkeit	• etc.
• etc.	
Psychografische Merkmale	**Verhaltensmerkmale**
• Lifestyle	• Nachfragehäufigkeit/-intensität
• Activities, Interests, Opinions (AIO)	• Angebotsverhalten
• Kenntnisse	• Region/Ortswahl („Kiez"-Präferenz)
• Absichten	• Kommunikationsverhalten
• etc.	• etc.

Tab. 3: Typologie der Zielgruppenmerkmale

(ergänzte Darstellung nach KONKEN 2006, S. 239 [62])

Anhand dieser Merkmale lassen sich, im Einklang mit der jeweiligen Zielorientierung, Ziel- bzw. Subzielgruppen „homogenisieren". Typologisierte interne Subzielgruppen wären demnach z.B. Familien, Singles, Alleinerziehende, Senioren, Schüler, am Ort immatrikulierte Studenten[63], Lehrer, Beamte, Selbständige/Freiberufler, Arbeitnehmer, Arbeitgeber etc.

Ausgehend von der Annahme einer den Marketingaktivitäten zugrunde liegenden Wachstumsorientierung unterscheiden KOTLER/HAIDER/REIN drei für die Positionierung wesentliche Zielgruppentypen: a) wertvolle, b) potentielle und c) weniger wünschenswerte Privatpersonen und Unternehmen[64] bzw. Organisationen. Insbesondere im Hinblick auf die bereits ausgeführten Zielgruppen der temporär-punktuellen sowie potentiellen Nachfrager (vgl. Kapitel 2.4.1) ist hier die Klassifizierung in *high interest*- und *low interest*-Gruppen bedeutsam: Mittels individueller Standort- und Zielgruppenanalyse, so KOTLER/HAIDER/REIN, würden Gruppen mit bestimmten Merkmalen ermittelt, die es im Zuge der Marketingaktivitäten besonders zu berücksichtigen bzw. besonders zu vernachlässigen gilt;

62 vgl. auch BRUHN 2004, S. 60 und S. 208f sowie THOMMEN/ACHLEITNER 2001, S. 249

63 Überschneidungen existieren nicht nur innerhalb der Zielgruppenkategorien; so stellen bspw. Studenten Zielgruppenkategoriezwitter dar, da sie je nach Ziel- bzw. Maßnahmenorientierung sowohl als Externe („Hochschulzugangsberechtigte") als auch als Interne („am Ort immatrikulierte Studenten") identifizierbar sind.

64 vgl. KOTLER/HAIDER/REIN 1994, S. 40f

diese Merkmale können sozio-demografischer, sozio-ökonomischer, psychografischer oder verhaltenstypischer Natur sein. In Abhängigkeit zur jeweiligen Zielorientierung könnten also bspw. bestimmte Alters- oder Einkommensgruppen sowie bestimmte Wirtschaftszweige oder Verhaltenscluster als *high interest* oder *low interest* eingestuft werden.

Während solch eine Klassifizierung bei einer externen Orientierung sinnvoll und zielführend sein kann, sind ihr bei interner Orientierung jedoch Grenzen gesetzt: HESS betont, eine Stadt könne sich qua Bürgerrecht nicht ihrer „[..] politische[n] und verwaltungstechnische[n] Verantwortung [...]"[65] entziehen; eine ausschließliche Konzentration auf interne *high interest*-Gruppen (bspw. Hauptsteuerzahler, vgl. Abb. 2), die mit einer massiven Vernachlässigung anderer städtischer Zielgruppen einhergeht, dürfe daher nicht erfolgen – Stadtmarketing müsse vielmehr Zielkonflikte identifizieren und managen (vgl. Kapitel 2.2). Der Zumessung besonderer Aufmerksamkeit für verschiedene ausgewählte Key-Accounts (vgl. Abb. 2) widerspricht dies allerdings nicht.

2.5 Aktionsfelder, Zielmärkte und Strategien des Stadtmarketing

Neben der groben Unterscheidung in innen- und außengerichtete Ziele (vgl. Kapitel 2.3) ist eine Differenzierung der Bezugsebenen notwendig, um die beabsichtigten Maßnahmen zielorientiert aufeinander abstimmen und bündeln zu können. So agiert Stadtmarketing, zumeist parallel, auf verschiedenen *Aktionsfeldern*. Diese repräsentieren i.d.R. „[...] thematisch zusammengehören[de]"[66], strategische Bereiche des bestehenden städtischen Organisationssystems, die je nach Größe und Struktur der Stadt variieren können. Im Einzelfall ist zu entscheiden, ob bestimmte Bereiche zusammengefasst, vernachlässigt oder neu geschaffen werden.[67] Eine rein selektive und/oder isolierte Betrachtung hingegen würde dem ganzheitlichen Verständnis eines umfassenden Stadtmarketing zuwiderlaufen.

Abbildung 3 (s. S. 19) veranschaulicht eine mögliche Segmentierung der Aktionsfelder im Rahmen des Stadtmarketing, die wiederum dazu geeignet sind, Subsegmente auszubilden. So kann bspw. das Aktionsfeld „Wirtschaft" untergliedert werden in gesondert oder einzig zu bearbeitende Teilbereiche wie z.B. „Einzelhandel", „produzierendes Gewerbe" oder „Dienstleistungen". Möglich ist auch eine Zusammenlegung einzelner (Teil-)Bereiche oder deren Neuformulierung, um *strategische Aktions-*

---

65 HESS 2003, S. 29

66 KONKEN 2006, S. 147

67 vgl. KÖGLER, S. 6

einheiten zu bilden, die nicht zwingend den dargestellten „klassischen Ressortzuschnitten" des Stadtverwaltungsapparats entsprechen müssen.[68]

Dass KONKEN die möglichen Aktionsfelder um ein zentrales, koordinatives Handlungsfeld („Basis") erweitert, ist dem Ansatz geschuldet, wonach es Faktoren gäbe, die für mehrere oder sämtliche Aktionsfelder von Bedeutung sind.[69] KONKEN zählt hierzu Faktoren, die gewissermaßen Botschafter- bzw. Schlüsselfunktionen innehaben, wie z.B. die „[...] Qualität und Quantität der Verkehrsanbindungen [...]" u.a. für die Aktionsfelder Tourismus und Wirtschaft, oder insgesamt das äußere Erscheinungsbild der Stadt.

---

68 Solche *strategischen Aktionseinheiten* müssen also nicht zwingend der in Abb. 3 dargestellten Segmentierung folgen; denkbar ist gleichermaßen ein Modell, dessen sich die Autoren der BERLINSTUDIE (1998-2000) bedienten. Demnach gehörte es zum strategischen Ansatz, „[...] die klassischen Ressortzuschnitte von Politik frühzeitig zu überwinden und Wirkungsketten zu aktivieren, die quer dazu verlaufen und Synergien freisetzen können." (Quelle: Der Reg. Bürgermeister von Berlin – Senatskanzlei (Hrsg.): Die BerlinStudie – Strategien für die Stadt. Stand: Januar 2000. URL: http://www.berlin.de/imperia/md/content/rbm-skzl/berlinstudie/berlin_studie1.pdf; zuletzt zugegriffen: 01.08.2008, 13:00 Uhr.) Die Aktions- bzw. Handlungsfelder begreifen die Autoren als „[...] strategische[] Korridore[] [...]" (ebd.); so determinieren sie für den konkreten Fall vier Handlungsfelder wie folgt (ebd.; Hervorhebung im Original): 1. „**Austauschbeziehungen** mit den Maßnahmenbereichen: Wissensvorsprünge (Wissensmanagement / Forschung und Lehre) / Kulturstrategien / Einwanderungsstadt Berlin", 2. „**Wettbewerbsfähigkeit und Arbeit** mit den Maßnahmenbereichen: Wirtschaft und Kompetenz / Förderpolitik / Zukunft bezahlter Arbeit / Beschäftigungsbrücken", 3. „**Soziale Kohäsion** mit den Maßnahmenbereichen: Soziale Aktivierung / Perspektiven für die Jugend / Sichere Stadt", 4. „**Metropolenraum im Gleichgewicht** mit den Maßnahmenbereichen: Kooperative Umweltvorsorge / Mobilitätsbedürfnisse und Verkehr". Diese Form der Aktionsfeldsegmentierung nach thematisch-synergetischen Gesichtspunkten ist, gegenüber der konventionellen thematisch-strukturellen Segmentierung, im Einzelfall auf bessere Eignung zu prüfen.

69 vgl. KONKEN 2006, S. 149

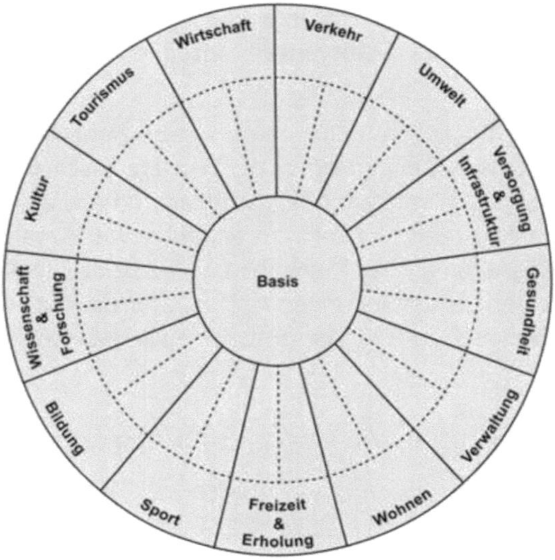

Abb. 3: Aktionsfeldsegmentierung im Stadtmarketing

(eigene Darstellung in Anlehnung an KONKEN 2006, S. 147ff)

Neben den Aktionsfeldern, die, wie beschrieben, vornehmlich die bestehende innere und/oder eine formulierte Struktur der Stadt widerspiegeln und damit rein „strategische Korridore"[70] für die beabsichtigten Maßnahmen darstellen, differenzieren KOTLER/HAIDER/REIN wesentliche (standortrelevante) Zielmärkte. Modifiziert und den Zusammenhängen des Stadtmarketing angepasst, lassen sich diese in mögliche *Zielmärkte des Stadtmarketing*[71] übersetzen (s. Tab. 4, S. 20).

---

[70] *s. S. 18, Fußnote 68*

[71] Da KOTLER/HAIDER/REIN „Die vier wichtigsten Zielmärkte" unter den Begriff „Standortmarketing" stellen (vgl. KOTLER/-HAIDER/REIN 1994, S. 42), wurden sie gemäß der in Kapitel 2.2 ausgeführten Definition von Stadtmarketing ergänzt bzw. angepasst (so ist auch der Begriff „Bewohner" als Oberbegriff für „Einwohner und Bürger" zu verstehen (s. Kapitel 2.1.1)) und um den „weichen" Zielmarkt „Kultur, Sport & Event" erweitert. Diesem nachfrageorientierten Verständnis folgend, können weitere zusätzliche Zielmärkte bearbeitet bzw. erschlossen werden (vgl. hierzu THOMMEN/ACHLEITNER 2001, S. 120ff).

Zielmärkte des Stadtmarketing	
Bewohner & Erwerbstätige	Industrie, Wirtschaft & Investoren
Touristen & Besucher	Kultur, Sport & Event
Exportmärkte	

Tab. 4: Zielmärkte des Stadtmarketing

(eigene, ergänzte Darstellung nach KOTLER/HAIDER/REIN 1994, S. 42)

Wie bereits ausgeführt, liegt dem umfassenden Stadtmarketing die Betrachtung des komplexen Produktes Stadt aus unterschiedlichsten Perspektiven zugrunde; KONKEN begründet dies nicht zuletzt damit, dass „[...] das Produkt in Abhängigkeit von den Bedürfnissen spezifischer Zielgruppen auf einer Vielzahl von Märkten angeboten wird."[72]

Jenen meist in bestimmter Form spezialisiert bearbeiteten Zielmärkten[73] können wiederum teils heterogene Zielgruppen zugrunde liegen. Im Rahmen des Stadtmarketing gilt es grundsätzlich, eine differenzierte, bedürfnisorientierte Ansprache der Zielgruppen vorzunehmen, die auf einer relevanten, funktionalen Segmentierung basiert[74] (vgl. Kapitel 2.4); die Segmentierungskriterien sind dabei an Anforderungen gebunden wie a) Verhaltensrelevanz, b) Messbarkeit, c) zeitliche Stabilität, d) Bezug zur Marktbearbeitung, e) ausreichende Segmentgröße, f) Ansprechbarkeit und Zugänglichkeit mit den zur Verfügung stehenden Kommunikationsmitteln.[75]

Neben diesen strategischen Entscheidungen der differenzierten Marktbearbeitung (**Marktparzellierungsstrategie**) existieren weitere Strategien, die im Zuge des Stadtmarketing Anwendung finden können (s. Tab. 5).

---

72 KONKEN 2006, S. 236

73 vgl. BRUHN 2004, S. 61f: Marktbearbeitung mittels Strategie der Nischen-, Produkt-, Markt(segment)- oder selektiven Spezialisierung oder mittels Strategie der Gesamtmarktabdeckung. Bspw. kann der Zielmarkt „Touristen & Besucher" als Ganzes bearbeitet werden; im Stadtmarketing effektiver bspw. ist jedoch die (ggf. parallele) spezialisierte Bearbeitung einzelner Segmente („Alles für Kulturtouristen", „Alles für Geschäftsreisende") usf. (vgl. auch Kapitel 2.5, S. 13: *Segmentierung der Aktionsfelder*).

74 vgl. BALDERJAHN 2000, S. 119ff

75 vgl. BRUHN 2004, S. 59f

Marketingstrategien im städtischen Kontext	
Marktparzellierungsstrategien	Marktfeldstrategien
Marktarealstrategien	Marktstimulierungsstrategien

Tab. 5: Marketingstrategien im städtischen Kontext

(eigene Darstellung nach BORNEMEYER 2002, S. 21ff).

Die alternativen bzw. ergänzenden Strategien, u.a. von BORNEMEYER und BALDERJAHN ausführlich beschrieben[76], werden hier verkürzt wiedergegeben:

Mittels **Marktarealstrategien** werden die Zielmärkte, in denen die Stadt agieren will und auf die sich das Stadtmarketing bezieht, geografisch eingegrenzt. BORNEMEYER zufolge würden „[a]us inhaltlichen Überlegungen heraus [..] in der Regel der lokale und ggf. der regionale Markt im Vordergrund stehen."[77] Allerdings könnten im Einzelfall auch nationale bzw. internationale Märkte fokussiert werden, bspw. dann, wenn die Stadt eine Positionierung als Messe- oder Technologiestandort anstrebt.

Im Rahmen der **Marktfeldstrategien** unterscheidet BORNEMEYER in Anlehnung an die Produkt-Markt-Matrix von ANSOFF[78] *Marktdurchdringung*, die auf ein vermehrtes Absetzen der bestehenden Leistungen im bestehenden Markt abzielt (Stimulierung der Nachfragehäufigkeit und Hinzugewinnung von Nachfragern), *Marktentwicklung*, die auf eine „Ausweitung des Marktes"[79] für gegenwärtig angebotene Leistungen abzielt (Steigerung des Nachfragevolumens durch Einbeziehung ergänzender Zielgruppen), sowie *Produktentwicklung* bzw. *Diversifikation*, die „[...] das Anbieten neuer Produkte oder Leistungen auf bestehenden bzw. neuen Märkten [implizieren]"[80] (vgl. Kapitel 2.4.1).

Marktstimulierungsstrategien determinieren die auf den jeweiligen Märkten zu etablieren beabsichtigten Wettbewerbsvorteile[81]. BORNEMEYER führt an, dass die Strategie der *Kostenführerschaft* für das Stadtmarketing kaum bedeutsam sei, da preisliche Parameter keine wesentliche Rolle

76 vgl. BORNEMEYER 2002, S. 21ff; vgl. BALDERJAHN 2000, S. 119ff.

77 BORNEMEYER 2002, S. 26

78 ANSOFF, H. J.: The New Corporate Strategy. New York: Wiley, 1988; zitiert bei BORNEMEYER 2002, S. 22

79 BORNEMEYER 2002, S. 23

80 ebd.

81 BALDERJAHN 2000, S. 125

spielen würden[82]. BALDERJAHN jedoch sieht durchaus die Möglichkeit gegeben, mittels „außergewöhnlich geringe[r] Leistungspreise"[83] Wettbewerbsvorteile zu generieren. Im Kontext des Stadtmarketing weit integraler hingegen, so BORNEMEYER weiter, sei die Differenzierungsstrategie (*Qualitätsführerschaft*), die „[...] auf eine Individualisierung der eigenen Marktstellung ab[zielt]."[84] Es gelte, positive Alleinstellungsmerkmale hervorzuheben, um die Stadt im Wettbewerb vorteilhaft zu positionieren und somit „[...] im Wahrnehmungsraum der Zielgruppen"[85] nachhaltig zu verankern. BORNEMEYER bindet dies an bestimmte Voraussetzungen: So müsste die Bestimmung der Unique Selling Proposition (USP) „[...] an den Stärken der Stadt anknüpfen, von den Zielgruppen als vorteilhaft erachtet werden, für die Zielgruppen Relevanz besitzen und nicht kurzfristig von Mitbewerbern [...] kopiert werden können."[86] Ein solches Alleinstellungsmerkmal ist bspw. das Stadtimage.

Welche Strategien im Einzelfall zielführend sind, ist abhängig von den aus dem erarbeiteten *Leitbild der Stadtmarketingaktivität* abgeleiteten Handlungsempfehlungen. Prinzipiell sollten, so BORNEMEYER, relevante Strategien „[...] im Rahmen der Entwicklung eines Stadtmarketingkonzepts *sinnvoll* zu einem ‚Strategieprofil' *kombiniert* werden."[87]

2.6 Leitbilder des Stadtmarketing

Am Anfang der Stadtmarketingkonzeption steht die Formulierung des zukunftsorientierten Leitbildes. KONKEN definiert es als den „[...] Rahmen für alle Konzeptionen der Handlungsfelder"[88] (s. Kapitel 2.5, *Aktionsfelder*). Die zentralen Fragen seien:

- **Wer sind wir?** [→ Analyse, Ist-Positionierung]
- **Was wollen wir?** [→ Vision, Soll-Positionierung, Ziele]
- **Wie kommen wir dorthin?"**[89] [→ *Ziele, Strategien*]

---

82 BORNEMEYER 2002, S. 24

83 BALDERJAHN 2000, S. 125. Obschon auf Standortmarketing bezogen, gilt es gleichsam für Stadtmarketing.

84 BORNEMEYER 2002, S. 24

85 ebd.

86 ebd.

87 BORNEMEYER 2002, S. 24; Hervorhebungen: eigene

88 KONKEN 2006, S. 199

89 KONKEN 2006, S. 198; Hervorhebungen: eigene. Die von KONKEN formulierte vierte Frage „Welche Maßnahmen werden beschlossen?" soll hier vernachlässigt wer-

Der anhand dieser drei Fragen vorgenommenen Leitbildformulierung geht eine eingehende Situationsanalyse, u.a. bestehend aus Stärken-Schwächen- und Chancen-Risiken- sowie Image-Analyse,[90] voran. Jene erste Analysephase stellt eine tragende Säule des Stadtmarketingprozesses dar und ist für die Ermittlung der Ist-Positionierung, von der ausgehend die Soll-Positionierung bestimmt wird, um den Handlungsbedarf zu ermessen, unabdingbar. Hierbei werden sowohl Außen- (Fremdimage) wie auch Innenwahrnehmung (Eigenimage, Identität) ermittelt, oftmals unter Hinzuziehung unabhängiger, mitunter stadtexterner Beratungsagenturen[91]. MAUER zufolge gilt es dabei, „ [...] [a)] das Selbstverständnis der Stadt zu klären, [b)] die Potentiale der Kommune zu analysieren, [c)] die Ansprüche der [..] [internen] und der externen Zielgruppen zu ermitteln sowie [d)] die Vor- und Nachteile gegenüber anderen Städten zu erkennen [...]."[92]

Im Zuge dieser Überlegungen lässt sich anhand der von FLORIDA formulierten Indikatoren *Technologie, Talente, Toleranz* („3T") die – nicht zuletzt ökonomische – „Zukunftsfähigkeit der Stadt" ablesen[93] (s. Tab. 6, S. 24). Dass hier „weichen" Faktoren wie Toleranz ein großer Stellenwert zugemessen wird, reflektiert den Anspruch, in der Tradition der „europäischen Stadt"[94] zu stehen, geben sie doch Aufschluss über die Handlungsfähigkeit der urbanen Gemeinschaft

---

den, da das Beschließen konkreter Maßnahmen den von GRABOW/HOLLBACH-GRÖMIG beschriebenen „Leitlinien", welche – im Unterschied zu „Leitbildern" – „[...] konkrete Schwerpunkte in einzelnen Themenfeldern [setzen] [...] und [..] mögliche Wege [beschreiben], das angestrebte Ziel zu erreichen" (GRABOW/HOLLBACH-GRÖMIG 1998, S. 78f), zuzuordnen ist und somit i.e.S. nicht dem „Charakter einer Überschrift" entspreche. Auch BALDERJAHN merkt an, dass Leitbilder „[...] als generelle Orientierung und nicht als konkrete Handlungsanweisungen [dienen]" (BALDERJAHN 2000, S. 111).

90 vgl. MAUER 2003, S. 31; vgl. auch GRABOW/HOLLBACH-GRÖMIG 1998, S. 74f

91 vgl. GRABOW/HOLLBACH-GRÖMIG 1998, S. 78

92 MAUER 2003, S. 31

93 vgl. FLORIDA, Richard: The Rise of The Creative Class. And How It's Transforming Work, Leisure, Community and Everyday Life. New York: Basic Books, 2002. Zitiert bei: EICHSTÄDT-BOHLIG/DREWES in: HEINRICH-BÖLL-STIFTUNG 2006, S. 10f.

94 vgl. hierzu Anhang I, S. 63 ff

Indikator		Beschreibung
Technologie	**High-Tech-Index**	Regionales Wirtschaftswachstum in Sektoren wie Software, Elektronik, Biotechnologie, Ingenieurswesen
	Innovations-Index	Anzahl der angemeldeten Patente pro Kopf der Bevölkerung
Talente	**Kreative Klasse**	Anteil der Beschäftigten in kreativen Berufen an den Erwerbstätigen
	Humankapital	Anteil der Personen mit höherem Bildungsabschluss an der Bevölkerung (mit mind. Bachelor-Abschluss)
Toleranz	**Melting-Pot-Index**	Anteil der im Ausland geborenen Personen an der Bevölkerung
	Gay-Index	Anteil der Homosexuellen an der Gesamtbevölkerung
	Bohemien-Index	Anteil an Schriftsteller, Schauspieler, Regisseuren, Musikern, Designern, Fotografen, Tänzern
	Composite-Diversity-Index	Gay-Index, Melting-Pot-Index und Bohemien-Index zusammen

Tab. 6: Indikatoren der zukunftsfähigen Stadt, nach Richard Florida

(Berlin-Institut für Bevölkerung und Entwicklung 2007, S. 6. [95]**)**

Anhand des im Zuge der Analyse offenkundig werdenden Handlungsbedarfs in den jeweils determinierten Handlungs- bzw. Aktionsfeldern, gilt es nun ein „Leitsystem" für die beabsichtigten Maßnahmen zu entwickeln, dass von allen Akteuren verbindlich angenommen werden muss, um die Stadtmarketingaktivitäten zum Erfolg führen zu können:[96]

Balderjahn benennt – obschon im Kontext des Standortmarketing, jedoch nichtsdestoweniger zutreffend gemäß dem in Kapitel 2.2 dargelegten Verständnis von Stadtmarketing – die Funktionen des Leitbildes wie folgt[97]:

---

[95] Quelle: Berlin-Institut für Bevölkerung und Entwicklung (Hrsg.): „Talente, Technologie und Toleranz – Wo Deutschland Zukunft hat". Von Steffen Kröhnert, Annegret Morgenstern, Reiner Klingholz. Berlin, 2007. URL: http://www.berlin-institut.org/fileadmin/user_upload/Studien/TTT_Webversion.pdf; zuletzt zugegriffen: 01.08.2008

[96] vgl. Balderjahn 2000, S. 97

[97] vgl. Balderjahn 2000, S. 99f; Hervorhebungen: eigene

- **Orientierung** für und **Koordination** der arbeitsteilig agierenden Akteure;
- **Ganzheitliche Integration** verschiedener Interessenlagen und **Konsensbildung** durch Transparenz;
- Benennung, Strukturierung und Gewichtung der Aktionsfelder;
- Imagebildung und Wettbewerbspositionierung;
- Förderung von **Identifikation** und **Motivation** für die handelnden Akteure.

Kritisiert würden solche Leitbilder vor allem wegen ihrer Konsensorientierung, die zu austauschbaren und mehr oder weniger inhaltsschwachen Formulierungen führen könne;[98] BALDERJAHN betont daher, bei aller gebotener Allgemeingültigkeit nichtssagende und schönfärberische „Leerformeln" zu vermeiden und, neben Glaubwürdigkeit, Machbarkeit und Authentizität, die individuelle „Tradition und *Kultur des Standortes*"[99] – eben das interne Kapital, die Identität – zu berücksichtigen.

Schematisch lassen sich die möglichen Bezugsebenen der Leitbildentwicklung wie folgt veranschaulichen (Abb. 4):

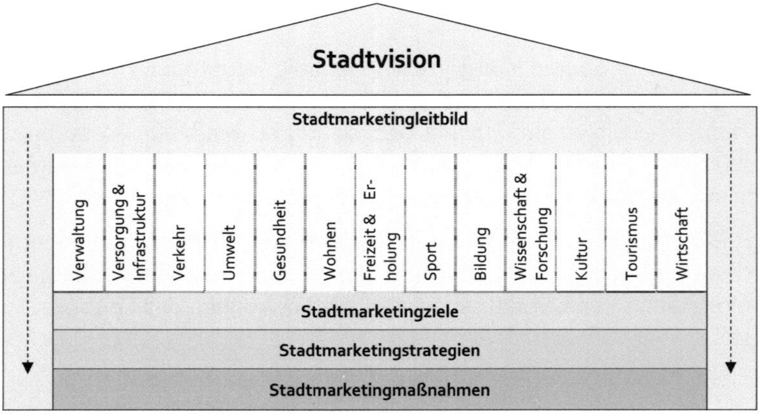

Abb. 4: Bezugsebenen der Leitbildentwicklung und Prozessabfolge

(eigene, ergänzte Darstellung nach BALDERJAHN 2000, S. 96)

98 vgl. MAUER 2003, S. 35

99 BALDERJAHN 2000, S. 101; Hervorhebung im Original

Die im Leitbild formulierten Handlungsfelder entsprechen den Aktionsfeldern und können wie diese variieren (vgl. Kapitel 2.5). Wesentlicher Bestandteil des Leitbildes ist die *Stadtvision*, eine „‚realistische Utopie'"[100], die dem Leitbild und sämtlichen nachfolgenden Zielen und Maßnahmen typischerweise in Form eines „‚griffigen' Slogans [...], der Emotion und Vision vermitteln soll,"[101] übergeordnet ist; demnach umschreibt die Stadtvision „[...] einen erstrebenswerten und attraktiven Zukunftsstand des Standortes [*ergo der Stadt; Anm. d. Autors*]."[102]

Als Beispiel für eine umfassende Städtevision nennt BALDERJAHN „Berlin: ‚Hauptstadt für Deutschland'".[103] Hiermit würde zum einen die „Hauptstadtfunktion" (durch die Präposition „für" den Servicegedanken gar noch unterstreichend), und zum anderen der Anspruch „Metropole" zum Ausdruck gebracht. Im folgenden Kapitel 3 wird nun betrachtet, wie und mit welchen Besonderheiten besagte „Hauptstadt für Deutschland" Stadtmarketing in der Praxis betreibt.

---

100 GRABOW/HOLLBACH-GRÖMIG 1998, S. 78

101 ebd., S. 79

102 BALDERJAHN 2000, S. 96

103 ebd., S. 96f

3 *be Berlin* – Eine Dachmarkenstrategie für die „City of Change"

Am Beispiel der Kampagne „be Berlin" werden in diesem Kapitel Besonderheiten des innengerichteten Stadtmarketing herausgearbeitet. Bevor auf der Basis der im Stadtmarketingprozess allgegenwärtigen Leitbildfragen das (Marken-)Produkt Berlin näher betrachtet wird, um die Stoßrichtung der Kampagne im Kontext der Berliner Stadtmarketingaktivitäten bzw. die Bezugsparameter des imperativen Slogans „be Berlin" anschaulich zu machen, werden zunächst die maßgeblichen Akteure des Berliner Stadtmarketing betrachtet.

3.1 Movers and Shakers – Berlin bewegen

Stadtmarketing hat in Berlin eine gewisse Tradition[104]; anfänglich noch als reines Standortmarketing konzipiert, hat sich der Aktionsradius insbesondere in der Nachwendezeit permanent erweitert – Berlin sah sich plötzlich mit einer veränderten Wettbewerbssituation konfrontiert. Nicht weniger als die Zukunftsfähigkeit der Stadt steht infolgedessen seither im Fokus der kooperativen Bemühungen.

Im Sinne betriebswirtschaftlicher Führungskonzepte (vgl. Kapitel 2.3) ist das Berliner Stadtmarketing – nicht zuletzt aufgrund der Größe des zu verwaltenden Raumes bzw. der Vielzahl relevanter Aktionsfelder – in eigenständigen Gesellschaften, ergänzt durch beratende Gremien, organisiert und somit von z.B. wahlperiodisch bedingten politischen Unwägbar-

---

[104] „Mit Unterzeichnung des Verschmelzungsvertrages wurde am 14.08.2003 die Fusion der Wirtschaftsförderung Berlin GmbH und der BAO BERLIN International GmbH zur Wirtschaftsförderung Berlin International GmbH vollzogen. Mit der Zusammenlegung der Unternehmen werden die Kräfte zur Förderung und Internationalisierung der Berliner Wirtschaft gebündelt. 1950 wurde die Berliner Absatz-Organisation GmbH (BAO) gegründet zur Überwindung der auf Grund der Insellage West-Berlins und der Blockade entstandenen Absatzverluste der Berliner Wirtschaft; später gehörte zu ihren Aufgaben vor allem die Standortwerbung für Berlin: Beratungs- und Serviceangebote für mittlere und kleinere Betriebe zwecks Erschließung neuer in- und ausländischer Märkte; Förderung der Kooperation zwischen Unternehmern und der Berliner Wirtschaft; Funktion als Außenwirtschaftsabteilung der IHK; offizielle Auftragsberatungsstelle des Landes Berlin. Büro in Brüssel. Seit dem 01. Juli 2005 [...] [erfolgen] die Leistungen der ehemaligen Wirtschaftsförderung Berlin International GmbH und der früheren Partner für Berlin - Gesellschaft für Hauptstadtmarketing mbH unter dem gemeinsamen Dach Berlin Partner GmbH." (Quelle: BEZIRKSAMT CHARLOTTENBURG-WILMERSDORF Online: Lexikon Charlottenburg-Wilmersdorf A-Z: Berlin Partner GmbH. URL: http://www.berlin.de/ba-charlottenburg-wilmersdorf/bezirk/lexikon/berlinpartner.html; zuletzt zugegriffen: 31.08.2008)

keiten weitgehend entkoppelt. Als strategische Partner sind sie zudem vernetzt mit verschiedenen Initiativen, Wirtschaftsforen und Landeseinrichtungen. Während bspw. der Bereich Tourismus vollständig von der Berlin Tourismus Marketing GmbH (BTM), an der das Land Berlin als Gesellschafter beteiligt ist, spezialisiert abgedeckt wird, obliegen Wirtschaftsförderung und Hauptstadtmarketing der Partner für Berlin Holding Gesellschaft für Hauptstadtmarketing mbH, die nun seit Mai 2007 das innengerichtete Stadtmarketing verstärkt fokussiert und damit dem Senatsbeschluss „Entwicklung einer Strategie zur Positionierung und Kommunikation des Standortes Berlin" folgt[105].

3.1.1 Berlin Partner GmbH

Die Zusammenarbeit der Partner für Berlin Holding Gesellschaft für Hauptstadtmarketing mbH mit dem Land Berlin ist per Rahmenvertrag über mehrere Jahre geregelt. Über einen Geschäftsbesorgungsvertrag wird die Berlin Partner GmbH von der Holding mit der Erfüllung der Pflichten aus dem Rahmenvertrag beauftragt, so auch mit der Umsetzung der in besagtem Senatsbeschluss formulierten Strategie. Dass Berlin Partner dabei auf das Netzwerk von derzeit 160 sogenannten Berlin-Partnern, d.h. privatwirtschaftliche Gesellschafter oder Lizenznehmer der Holding, zurückgreifen kann, unterstreicht den Anspruch der partizipativen und kooperativen Stadtentwicklung sowie der Nutzbarmachung lokaler Kompetenzen. Geschäftsführer René Gurka wird nach dem Start der Kampagne „be Berlin" von der Senatskanzlei mit den Worten zitiert, Berlin Partner wolle seine „Erfahrungen im Standortmarketing für Berlin einbringen" und mithilfe des Berlin-Partner-Netzwerks „auch private Unternehmen für die Unterstützung dieser Kampagne gewinnen."[106]

---

105 SENATSBESCHLUSS S 414/2007 vom 21. Mai 2007: „[...] Der Senat beauftragt die Wirtschaftsförderungsgesellschaft Berlin Partner im Rahmen des Partnerschaftsvertrages mit dem Land Berlin unter Führung der Senatskanzlei die Strategie umzusetzen. [...] Eine Vorlage an das Abgeordnetenhaus ist nicht erforderlich. [...]" (Quelle: BERLINER SENATSKANZLEI Online: Stadt des Wandels: Markenstrategie: Senatsbeschluss. URL: http://www.berlin.de/stadtdes wandels/markenkampagne/beschluss/index.html; zuletzt zugegriffen: 04.08.2008)

106 Quelle: BERLINER SENATSKANZLEI Online: Stadt des Wandels: Markenkampagne: Kooperationspartner. URL: http:// www.berlin.de/stadtdeswandels/markenkampagne/kooperationspartner/index.html; zuletzt zugegriffen: 14.09.2008

3.1.2 BerlinBoard

Impulsgebendes Gremium für die jüngsten Aktivitäten ist das BerlinBoard, das sich am 15. August 2007 gemäß Senatsbeschluss konstituierte. Ihm gehören zwölf namhafte Personen aus den Bereichen Wirtschaft, Wissenschaft, Stadtentwicklung und Kultur sowie die Senatoren für Wirtschaft, Wissenschaft und Stadtentwicklung an; die Leitung obliegt dem Regierenden Bürgermeister von Berlin.

Im Ergebnisprotokoll[107] formuliert das „überparteiliche und unabhängige Gremium", welches laut Senatskanzlei „[...] Kompetenzen aus unterschiedlichen Feldern [...] bündelt [und] [...] Anregungen zur strategischen Positionierung und Entwicklung Berlins geben und auch über Projekte zur Gestaltung des Wandels Berlins diskutieren"[108] werde, u.a., sich „[...] für einen positiven Wandel der Stadt einsetzen [...] [sowie] [...] Zukunftsfragen Berlins und damit zusammenhängende Projekte erörtern und diskutieren [...]"[109] zu wollen. Die erfolgreiche Positionierung Berlins im Wettbewerb der Metropolen versteht das Gremium als eine „[...] langfristige Aufgabe, die über eine Wahlperiode hinausreicht."[110] Weiter erklärt das BerlinBoard, es wolle dazu beitragen, Berlin als Lebensumfeld für seine Bürgerinnen und Bürger attraktiver zu gestalten und deren Identifikation mit der Stadt zu verbessern; als Wirtschaftsstandort solle Berlin Rahmenbedingungen schaffen, die Wachstum und Innovation fördern sowie neue Unternehmen anziehen.[111]

Als Arbeitsgrundlage wurde zunächst eine umfassende, d.h. national wie international konzipierte Marktforschung in Auftrag gegeben, die „[...] die Standortbedingungen Berlins und das Bild der Stadt in den Köpfen der Menschen strukturiert erfass[en]"[112] sollte.

---

[107] Ergebnisprotokoll einzusehen auf der Website der BERLINER SENATSKANZLEI: Stadt des Wandels: BerlinBoard: Ergebnisse. URL: http://www.berlin.de/stadtdeswandels/berlinboard/ergebnisse/index.html; zuletzt zugegriffen: 14.09.2008

[108] Quelle: BERLINER SENATSKANZLEI Online: Stadt des Wandels: BerlinBoard. URL: http://www.berlin.de/stadtdeswandels/ berlinboard/index.html; zuletzt zugegriffen: 14.09.2008

[109] Quelle: BERLINER SENATSKANZLEI Online: Stadt des Wandels: BerlinBoard: Ergebnisse. URL: http://www.berlin.de/stadt deswandels/berlinboard/ergebnisse/index.html; zuletzt zugegriffen: 14.09.2008

[110] ebd.

[111] vgl. ebd.

[112] Quelle: BERLINER SENATSKANZLEI Online: Stadt des Wandels: BerlinBoard: Ergebnisse. URL: http://www.berlin.de/stadt deswandels/berlinboard/ergebnisse/index.html; zuletzt zugegriffen: 14.09.2008

3.2 Berlin – Wer sind wir?

Seit der Wiedervereinigung Deutschlands hat Berlin eigenen Angaben zufolge einen Austausch von rund der Hälfte der Bevölkerung erfahren[113]; mit anderen Worten: Die Stadt verlor rund 1,7 Millionen Einwohner, obschon sie ebenso viele neu gewinnen konnte. Gemäß der Betrachtung aus Kapitel 2.1, wonach die Ortsansässigen Teil des Produktes Stadt sind, kann festgestellt werden, dass sich seither das Produkt Berlin aufgrund der veränderten Anspruchssituation durch den neuen Nachfrager-Mix insgesamt grundlegend verändert hat.

3.2.1 Facetten der Stadt Berlin

Im Folgenden wird nun betrachtet, in welchen Bereichen sich diese Veränderung am deutlichsten vollzogen hat bzw. weiterhin vollzieht.

3.2.1.1 „Junge Hauptstadt"

Berlin ist, nach wechselvoller Geschichte, heute eine vergleichsweise „junge Hauptstadt"[114]. „Hauptstadt für Deutschland", um auf BALDERJAHNS Beispiel einer umfassenden Stadtvision zurückzukommen (s. Kapitel 2.6), mag also nicht zuletzt deshalb visionäre Züge tragen – zumal selbst nach rund zwei Jahrzehnten Bundeshauptstadtstatus der Schattenwurf des sogenannten Berlin/Bonn-Gesetzes[115] weiterhin gegenwärtig ist: Das poli-

---

113 vgl. Anhang III, S. 80 ff, Chart 4 von 18

114 Quelle: Broschüre „Willkommen in Berlin". BERLINPARTNER Online. URL: http://www.berlin-partner.de/fileadmin/chef redaktion/documents/pdf_Publikationen_de/Willkommen_in_Berlin_de.pdf, zuletzt zugegriffen: 01.08.2008

115 Offizieller Titel des am 7. Mai 1994 in Kraft getretenen Bundesgesetzes: „Gesetz zur Umsetzung des Beschlusses des Deutschen Bundestages vom 20. Juni 1991 zur Vollendung der Einheit Deutschlands". Dass sich Bonn seither als einzige Stadt Deutschlands mit dem Titel „Bundesstadt" schmücken darf, ist, so kann vermutet werden, für das Bonner Stadtmarketing nicht unerheblich, bedeutete doch die Aberkennung des Hauptstadtstatus' eine grobe Zäsur. Die für Stadtmarketing zuständige Abteilung der Bonner Stadtverwaltung spricht zweckoptimistisch von einem „Image-Umschwung von der Hauptstadtfunktion hin zu einem modernen Dienstleistungszentrum", der mittels Bekanntmachung und Stärkung „[des] neue[n] Profil[s] der Stadt" auch im Bewusstsein der Bevölkerung zu verfestigen sei (Quelle: Onlineportal der Stadt Bonn www.bonn.de: Verwaltung: Bürgerdienste. URL: http://www.bonn.de/rat_ verwaltung_buergerdienste/buergerdienste_online/buergerservice_a_z/00774/index.html?lang=de; zuletzt zugegriffen: 01.08.2008). Es zeigt sich, dass nicht nur eine Funktion (Regierungssitz), sondern ein nicht unwesentlicher Teil der Stadtidentität

tische Festhalten an doppelten Dienstsitzen und kostenintensivem Pendeln zwischen Berlin und Bonn lässt Raum für Zweifel am gesamtdeutschen Bekenntnis zur Hauptstadt Berlin, obschon Berlins Regierender Bürgermeister die Stadt als Hauptstadt akzeptiert sieht.[116]

In seine Hauptstadtrolle hineinzufinden verlangt der Stadt in der Tat einige Auseinandersetzungen ab, wie noch in 2007 angestrengte Ersuchen auf zusätzliche Bundeshilfen für die Finanzierung „hauptstadtbedingter Aufgaben" belegen[117]. Zwar wurde im Jahr 2006 im Rahmen der Föderalismusreform die „Hauptstadtklausel" im neu formulierten Artikel 22 des Grundgesetzes aufgenommen, wonach nunmehr offiziell die Repräsentation des Gesamtstaates in der Hauptstadt Aufgabe des Bundes sei; Näheres, so wird dort verwiesen, würde ein Bundesgesetz regeln. Doch auf dieses wartet Berlin bis heute, und der „Hauptstadtvertrag" könne das erforderliche „Hauptstadtgesetz" nicht ersetzen, heißt es u.a. aus der Linkspartei-nahen Rosa-Luxemburg-Stiftung[118]. Vonseiten der Regierungsfraktionen (Union und SPD) jedoch wird Medienberichten zufolge derzeit kein Handlungsbedarf erkannt.[119] Berlin bleibt daher bis auf weiteres eine gewissermaßen „unfertige" Hauptstadt.

Den Mehraufwendungen für hauptstadtbedingte Aufgaben stehen aber auch „hauptstadtbedingte Vorteile" wie verstärkte mediale Aufmerksamkeit[120] gegenüber – für das Marketing der Stadt durchaus von nicht unerheblicher Relevanz. Diese wurden im Rahmen der Hauptstadtdebatte

---

(*Haupt*stadt) verloren gegangen ist. Der Titel „Bundesstadt" ist darob vermutlich nur ein schwacher Trost.

116 vgl. Anhang I, S. 63 ff

117 Besondere Bedeutung kommt hierbei den Bereichen Sicherheit und Kultur zu. (<u>Quelle:</u> Artikel: „Hauptstadt-Finanzier-ung – Bund rückt endlich Scheinchen raus". TAZ – DIE TAGESZEITUNG (Archiv). Stand: 26.10.2007. URL: http://www.taz.de/regional/berlin/aktuell/artikel/1/bund-rueckt-endlich-scheinchen-raus/?src=MT&cHash=c4f2fbdfd1; zuletzt zugegriffen: 01.08.2008)

118 <u>Quelle:</u> ROSA-LUXEMBURG-STIFTUNG Online: Texte/Publikationen: FLIERL, Thomas / BEY, Wolfgang (Hrsg.): Die neue Hauptstadtdebatte. Verfassungsauftrag Hauptstadtgesetz. Berlin: Dietz, 2007. URL: http://www.rosalux.de/cms/index .php?id=15116; zuletzt zugegriffen: 01.08.2008

119 <u>Quelle:</u> DER SPIEGEL 50/2007 vom 10.12.2007, S. 20: Artikel „Hauptstadt – Grundgesetzt missachtet." URL: http:// wissen.spiegel.de/wissen/dokument/87/80/dokument.html?titel=Grundgesetz+missachtet&id=54230878&top=SPIEGEL &suchbegriff=hauptstadtgesetz&quellen=&vl=0; zuletzt zugegriffen: 01.08.2008

120 Erwähnt sie in diesem Zusammenhang auch der **metonymische Gebrauch des Hauptstadtnamens**, bei dem eine Regierung mit dem Regierungssitz sprachlich gleichgesetzt wird (*totum pro parte*), z.B.: „Berlin zieht Konsequenzen ..." / „Peking zeigt sich optimistisch ..." / „Washington beschließt Vorhaben ..." usf.

zwar nicht gegengerechnet, war es doch eine zuvorderst politische Grundsatzfrage. Dass der politische Vorstoß, ganz im Interesse der Ortsansässigen, die Steigerung des finanziellen Handlungsspielraumes der Stadt zum Ziel hatte, ist indes unstrittig – ein Ziel also, das im Kontext des Stadtmarketing vergleichsweise häufig als eines der Wichtigsten benannt wird (vgl. Kapitel 2.3, Tab. 1). Hieran zeigt sich beispielhaft, dass Stadtmarketing eng verwoben ist mit den Verwaltungsaufgaben und -tätigkeiten der Stadt (und vice versa) und keine isolierte „Parallelaktivität" darstellt.

3.2.1.2 „Arm, aber sexy"

Auch jenseits der schuldlastbedingt angespannten Haushaltslage[121] ist Berlin vergleichsweise „arm dran": eine im Bundesvergleich hohe Arbeitslosenquote, eine niedrige Pro-Kopf-Wertschöpfung, ein ausgeprägtes Prekariat. Während sich bspw. die Hansestadt Hamburg ihrer Kaufmannschaft rühmen kann, hat Großbürgertum in der ehemaligen Residenzstadt Berlin keine Tradition. Die Autoren des 2007 im Auftrag des Rundfunk Berlin Brandenburg (rbb) produzierten Dokumentarfilms „Berlin – Ein Metropolenmärchen"[122], Annette Zinkant und Sven Kuntze, jedoch stellen fest: In Berlin wächst zusehends eine in weiten Teilen bürgerschaftlich engagierte „Patchwork-Society" heran, vornehmlich rekrutiert aus den Bereichen Kunst, Kultur und Wirtschaft – für die Talente- und Toleranz-Indizes Berlins (vgl. Kapitel 2.6, Tab. 5) und somit die Zukunftsfähigkeit der Stadt von immenser Relevanz.

Im Pressetext zur Ausstrahlung hieß es treffend: „Nach einer spürbaren Flaute Mitte der 1990er-Jahre, die auf den Triumph der Wiedervereinigung folgte, erlebt Berlin ein grandioses Comeback. Das Schäbige, das Hässliche, das Unvollkommene und Schadhafte der neuen alten Hauptstadt: großartig! Die alten Plattenbauten, der Zonenchic der DDR: kultig! Die Preise: unvergleichlich niedrig! Und die Menschen hier: so herrlich schlecht gelaunt, aber so unheimlich offen! Auf den Regierungsumzug folgten Schauspieler, Künstler, Filmleute und jede Menge Medien. Berlin

---

121 Wieder einmal war es der Regierende Bürgermeister Klaus Wowereit, der mit der Parole „Sparen, bis es quietscht" eine viel zitierte Phrase in die Welt setzte. Es kann davon ausgegangen werden, dass derlei Kunstgriffe, auch unangenehme Wahrheiten medienwirksam zu verpacken, im Kontext des Stadtmarketing, hier insbesondere bezüglich der Kommunikation, ein wichtiges Tool darstellt.

122 Erstausstrahlung am 09.02.2008, 22:35 Uhr (rbb)

gilt heute als wahnsinnig kreativ, viel aufregender als New York, sodass dies nun sogar als Wirtschaftsfaktor wahrgenommen wird. [...]"[123]

Die prosperierenden Kreativszene bzw. -wirtschaft profitiert vom kreativen Potential, und umgekehrt profitiert die Stadt vom Image der Boheme. Die Sexyness Berlins – oder mit anderen Worten: die Attraktivität der Stadt – liegt dabei begründet in der Bestreitbarkeit des Marktes, noch begünstigt durch das attraktive Preisniveau der Stadt.

3.2.1.3 „City of Change"

Berlin, Stadt des Wandels: Dass im Juli 2008 der Präsidentschaftskandidat der US-Demokraten, Senator Barack Obama, ausgerechnet die deutsche Hauptstadt als Kulisse für seinen einzigen öffentlichen Wahlkampfauftritt außerhalb der USA nutzte, war Kalkül: Der von ihm propagierte Ruf nach Wandel und Veränderung, „change", findet wohl nirgends eine so polit-historisch manifeste Entsprechung wie in Berlin. Obamas Inszenierung instrumentalisierte das (welt-)politische Erbe, die *Identität* der Ost-West-Metropole[124] und beschwor den Geist des Wandels, von Ernst Reuter über John-F. Kennedy und Ronald Reagan bis heute – Berlin, „Brennglas deutscher Geschichte"[125] und Symbol des Freiheits- und Unabhängigkeitsdrangs[126].

Während Berlins Regierender Bürgermeister Wowereit (SPD), der unlängst den markenrechtlichen Schutz der Positionierung Berlins als „City of Change" veranlasste[127], dem prominenten Gast aus Übersee anstelle des schlussendlichen Kompromisses Siegessäule/Großer Stern sogar das symbolträchtige Brandenburger Tor[128] als Kulisse gegönnt hätte, übte

---

[123] Vgl. Pressetext: „Berlin Ein Metropolenmärchen". RBB-ONLINE (Archiv). URL: http://www.rbb-online.de/_/fernsehen/ magazine/beitrag_jsp/key=rbb_beitrag_6999441.html; zuletzt zugegriffen 02.09.2008.

[124] „Ost-West-Metropole" war zudem der Titel einer von BerlinPartner im Jahr 2003 durchgeführten Imagekampagne anlässlich der EU-Erweiterung. (Quelle: BERLIN-PARTNER: Imagekampagne 2002/2003 (Archiv). URL: http://www.berlin-partner.de/344/; zuletzt zugegriffen: 01.08.2008)

[125] s. Anhang III, S. 80 ff, Chart 4 von 18

[126] vgl. ebd.

[127] vgl. Anhang III, S. 80 ff

[128] Die DEUTSCHE ZENTRALE FÜR TOURISMUS E.V. (DZT), gefördert vom Bundesministerium für Wirtschaft und Technologie, bezeichnet das Brandenburger Tor u.a. als „Symbol weltweit für die Teilung der Stadt und der Welt in zwei Machtblöcke". (Quelle: DZT Online, URL: http://www.deutschland-tourismus.de/DEU/reiseland_deutschland/master _tlsight-id1045-fstadt_sight_allgemein.htm; zuletzt zugegriffen: 01.08.2008)

sich die deutsche Bundeskanzlerin, Angela Merkel (CDU), dem US-amerikanischen Wahlkämpfer gegenüber in protokollarischer Distanziertheit und vermied allzu verbindliche Gesten. So war der im Vorfeld der Politshow ob der Tor-Frage entbrannte Streit innerhalb der schwarz-roten Bundesregierung zwar als taktisches Manöver zweier konkurrierender und um Profilschärfe bemühter Koalitionäre durchschaubar, aber – so kann angenommen werden – für Stadtoberhaupt Wowereit war es (auch) eine Frage des Berlin-Marketing, ist doch das preußische Gemäuer ein Wahrzeichen von erheblichem Wiedererkennungswert. Der geschickten Platzierung der Rednerbühne in der Sichtachse zum Brandenburger Tor schließlich war es zu verdanken, dass das prominente Bauwerk – wenn auch aus rund zwei Kilometern Entfernung – dennoch medienwirksam in die Szenerie einbezogen werden konnte.

So hat Berlin seine bekannteste städtische Attraktion, ein differenzierendes Symbol seiner Stadtidentität[129], zielorientiert zur Imagepflege einsetzen können. Die für den erforderlichen Polizeieinsatz von der Stadt aufgewendete geschätzte Viertelmillion Euro war folglich gut investiert, ist doch der Imagegewinn durch den medialen Coup schier nicht zu beziffern. Indes haderte so mancher Steuern zahlende Bürger, warum auf seine Kosten US-Wahlkampf (mit-)finanziert werden müsse – ein Zielkonflikt, den es zu managen galt, indem den Internen durch das Berliner Presseamt der kosmopolitische Abglanz der Visite implizit als Benefit kommuniziert wurde. Die Jubelmeldungen in Presse, Rundfunk und Fernsehen über Signalwirkung und Tragweite des Obama-Besuchs, so kann vermutet werden, dürften die Hauptstädter mindestens milde gestimmt haben[130] – nicht zuletzt, weil mit der seit der FIFA Fußball-Weltmeisterschaft 2006 als „Fan-Meile" etablierten Strecke zwischen Brandenburger Tor und Siegessäule gemeinhin hauptstädtische bzw. gesamtdeutsche Gastfreundschaft assoziiert wird, wie diesbezügliche Medienberichte nahe legen[131].

---

129 Vgl. EBERT in: MEFFERT et al. 2005, S. 569: „Differenzierungsfunktion der Stadtidentität anhand selbsterschaffener stadtspezifischer Symbole"; s. Kapitel 3.3.2.4.

130 Anders als bei politischen Großveranstaltungen dieser Art für gewöhnlich der Fall, waren keine nennenswerten Proteste oder Gegendemonstrationen zu verzeichnen.

131 vgl. URL: http://www.fanmeile-berlin.de/fanportal/; zuletzt zugegriffen: 02.08.2008, 17:00 Uhr. Vgl. auch URL: http://www.zeit.de/online/2006/03/Fifa?page=all; zuletzt zugegriffen: 02.08.2008, 17:10 Uhr

3.2.1.4 Millionenmetropole und Wirtschaftsstandort

Als multikulturelle Millionenmetropole steht Berlin heute vor der besonderen Herausforderung, sich gleichsam im nationalen wie im europäischen und internationalen Wettbewerb zu positionieren. Die Funktion „Hauptstadt" ist dabei nur eine unter vielen, ist Berlin doch in erster Linie Lebensraum für rund 3,4 Millionen Einwohner und Arbeitsraum für rund 1,6 Millionen Erwerbstätige,[132] sowie Wirtschaftsraum für 113.420 ortsansässige Unternehmen[133] und 78.551 ortsansässige Betriebe[134]. Darüber hinaus ist Berlin bei rund 17,3 Millionen Übernachtungen Destination für rund 7,6 Millionen Gäste, davon rund 38 Prozent aus dem Ausland.[135]

Obschon Berlin sein Bruttoinlandsprodukt seit 2005 im jeweiligen Vorjahresvergleich wieder zu steigern begann[136] (wenn auch von einem niedrigen Niveau), ist die Spreemetropole in 2008 erneut Schlusslicht des von der arbeitgebernahen *Initiative Neue Soziale Marktwirtschaft* (INSM) in Zusammenarbeit mit dem Magazin *Wirtschaftswoche* jährlich vorgenommenen Städterankings[137] (n=50). Zwar rangiere Berlin der Studie zufolge mit 52 Unternehmenshauptsitzen (Durchschnitt: 10,5) auf Platz 3; das insgesamt geringe Wachstum aber verhagelt die Bilanz: So benennt die Studie als Schwächen u.a., dass in 2007 nur 45,7 Prozent der Einwohner im Alter von 15 bis 65 Jahren einer Erwerbstätigkeit nachgingen (Durchschnitt: 54,7 Prozent), und dass der Anteil der Arbeitslosengeld-II-

---

132 Zahlen bezogen auf 2007. (Quelle: AMT FÜR STATISTIK BERLIN-BRANDENBURG (Hrsg.): Berlin in Zahlen 2008. URL: http://www.statistik-berlin-brandenburg.de/produkte/Faltblatt_Brochure/berlin_in_Zahlen08_de.pdf; zuletzt zugegriffen: 14.09.2008)

133 Zahlen bezogen auf 2007. Unternehmen im Dezember 2007 mit mindestens 17.500 Euro steuerbarem Umatz im Jahr. (Quelle: AMT FÜR STATISTIK BERLIN-BRANDENBURG Online: Statistiken: Unternehmensregister. URL: http://www.statistik-berlin-brandenburg.de/; zuletzt zugegriffen: 14.08.2008)

134 Zahlen bezogen auf 2007. Betriebe im Dezember 2007 mit mindestens einem sozialversicherungspflichtigen Beschäftigten im Jahr 2005. (Quelle: AMT FÜR STATISTIK BERLIN-BRANDENBURG Online: Statistiken: Unternehmensregister. URL: http://www.statistik-berlin-brandenburg.de/; zuletzt zugegriffen: 14.08.2008)

135 Zahlen bezogen auf 2007. (Quelle: BERLIN TOURISMUS MARKETING GMBH Online: Statistik. URL: http://www.visit berlin.de/deutsch/ueber-uns/d_uu_entwicklung.php; zuletzt zugegriffen: 14.09.2008)

136 Quelle: AMT FÜR STATISTIK BERLIN-BRANDENBURG Online. Statistiken: Volkswirtschaftliche Gesamtrechnung. URL: http://www.statistik-berlin-brandenburg.de/; zuletzt zugegriffen: 14.08.2008

137 INITIATIVE NEUE SOZIALE MARKTWIRTSCHAFT / WIRTSCHAFSWOCHE (Hrsg.): Das Städte-Ranking - Update 2008. URL: http://insm-wiwo-staedteranking.de/; zuletzt zugegriffen: 14.09.2008

Empfänger mit 13,4 Prozent sowie die Arbeitslosenquote mit 17,9 Prozent deutlich über dem Durchschnitt lagen (8,8 Prozent bzw. 12,8 Prozent). Berlin, die „[...] wirtschaftlich unattraktivste Großstadt Deutschlands"[138]? Berlins Wirtschaftsenator Harald Wolf (Die Linke) dementierte zwar und zweifelte die Vergleichbarkeit der Daten an. Dass es um das Wirtschaftswachstum in Berlin nicht zum Besten bestellt ist, ist hingegen unbestritten und wird im Kontext des Berliner Stadtmarketing als Herausforderung identifiziert.[139]

Im Hinblick auf die in Kapitel 3.1.1.2 erwähnten Talent-Indizes der Stadt ist vor allem ein Aspekt der INSM-Untersuchung bemerkenswert: Mit 13,8 Prozent liegt der Anteil der Hochqualifizierten an den Beschäftigten in Berlin über dem ermittelten Durchschnitt (12,2 Prozent). Folgerichtig attestiert die Studie dem Wirtschaftsstandort Berlin „Potential durch hohes Humankapital"[140].

3.2.2 Das Profil Berlins

Im Wesentlichen bestätigen die INSM-Eckdaten die Selbsteinschätzung Berlins als (ehedem) wirtschaftlich „auf vielen Feldern Schlusslicht"[141]. Allerdings hält die Stadt die Fahne des „kreativen Unternehmertums"[142]nicht zu Unrecht hoch, habe sich doch die Zahl der umsatzsteuerpflichtigen Unternehmen der Kreativwirtschaft Berlins von 2000 bis 2005 um 30 Prozent und damit mehr als doppelt so stark wie in anderen wichtigen Kreativstandorten gesteigert[143]; Berlin sieht sich daher als „[...] attraktiv für junge Leute, die Kreativität und Freiheit suchen."[144]

Dem anhaltenden Veränderungsprozess der „City of Change" wird mit der Positionierung der Stadt Rechnung getragen: Wandel als Chance, als Perspektive und als Herausforderung. Ein vermeintliches Manko wird zum Kern der Markierung des Stadtproduktes erhoben und positiv konnotiert: Das Unfertige ist Nährboden für Kreativität als im Wortsinne schöpferische und gestaltende Kraft. Im der Markenkampagne „be Berlin" voran-

---

[138] TAZ - DIE TAGESZEITUNG. Gedruckte Ausgabe vom 6./7.09.2008: „Wieder mal Letzter".

[139] vgl. Anhang I, S. 63 ff

[140] <u>Quelle:</u> INITIATIVE NEUE SOZIALE MARKTWIRTSCHAFT / WIRTSCHAFSWOCHE (Hrsg.): Das Städteranking 2008 / Berlin. URL: http://insm-wiwo-staedteranking.de/2008_stadt_berlin.html; zuletzt zugegriffen: 14.09.2008

[141] s. Anhang I, S. 63 ff

[142] vgl. Anhang III, S. 80 ff, Chart 4 von 18

[143] ebd.

[144] ebd.

gegangenen Agenturfbriefing (s. Anhang III, S. 80 ff) charakterisierten die Senatskanzlei, Berlin Partner und Markenexperten die Marke Berlin wie folgt: „Berlin steht für politische Macht und gelebte Zivilcourage, für weltoffenen Kultur und eine liebenswürdig direkte Art, für hohe Lebensqualität und eine einmalige Wissenschaftslandschaft, für urbane Internationalität und originelle Persönlichkeiten."[145]

Als herausragendes Alleinstellungsmerkmal identifizierten sie „Freiheit und Kreativität", die die „Treibkraft für den permanenten Wandel der Stadt" seien: „Dieser Wandel ist der Markenkern Berlins"[146] (s. Abb. 5). Langfristig wolle sich Berlin als *die* Stadt des Wandels positionieren und damit das „[...] hohe Maß an Freiheit, Kreativität und Jugend" betonen, das die „[...] junge[] und tolerante[] Stadt [einzigartig]"[147] machen würde.

Die Maxime, quasi Versprechen und Benefit der Marke Berlin, würde lauten: „Berlin ist der Ort permanenten Wandels, der es jedem ermöglicht, einen großen Sprung nach vorne zu tun und etwas Neues zu entwickeln."[148]

---

[145] vgl. Anhang III, S. 80 ff, Chart 3 von 18

[146] ebd.

[147] ebd.

[148] ebd., Chart 8 von 18

Abb. 5: Die Marke Berlin

(SENATSKANZLEI BERLIN 2007[149])

Die vier Dimensionen der Marke Berlin (*place*, *life*, *people*, *work*) korrelieren mit der vierten Dimension des Stadtproduktes (vgl. Kapitel 2.1.2), indem sie Anknüpfungspunkte für individuelle Augmentation repräsentieren. Deutlich wird zudem, dass die Bewohner (*people*) als integraler Bestandteil des Produktes Stadt die Markierung (mit)bedingen: Jene „liebenswürdig direkte Art" der Berliner (salopp auch „Berliner Schnauze") als Ausdruck von „Originalität" bspw. ist ein relevantes Element der Stadtidentität insgesamt und als solches zu berücksichtigen, da Glaubwürdigkeit und Differenziertheit der Markeneigenschaften gewährleistet sein müssen. Letztlich sind „[...] die Bürgerinnen und Bürger die wahren Träger der Marke [...]"[150], womit auch die Relevanz des Beispiel-Merkmals „Originalität" gegeben ist. Das Wesen der Marke drückt sich aus im Markenkern „Berlin – City of Change" und stellt Vision und Mission der Marke Berlin dar. Als Stadtvision dem Leitbild übergeordnet, bildet er den abso-

[149] Grafik aus dem Agenturbriefing; s. Anhang III, S. 80

[150] s. Anhang III, S. 80 ff, Chart 7 von 18

luten Referenzpunkt für sämtliche strategischen Überlegungen und Maßnahmen.

Dass es bis dahin an einer eindeutigen Positionierung der Marke Berlin haperte, zeigte sich im Vorfeld der Aktivitäten; der verantwortliche Regierende Bürgermeister von Berlin, Klaus Wowereit, sprach in seiner Rede rückblickend (s. Anhang I, S. 63 ff) von einer „widersprüchliche Wahrnehmungen"[151]: Die Imageanalyse habe zutage gefördert, dass das Image Berlins im Inland ein anderes wäre als im Ausland. So sähen die Berliner wie auch die deutsche Bevölkerung Berlin vornehmlich als „lebenslustig und trendy"; Berliner und deutsche Unternehmen würden mit Berlin eine „lockere, entspannte und dem Leben zugewandte, dynamische Stadt" assoziieren. Demgegenüber würde Berlin international als „kompetente, organisierte, ernsthafte und vernünftige Metropole" gesehen, „mit guten Hochschulen, führend in der Wissenschaft und am Puls der politischen Macht". Während also im Inland ein emotionales Bild vorherrscht, ist jenes im Ausland von eher rationaler Zeichnung – eine Lücke zwischen Innen- und Außenperspektive, die es EBERT zufolge „ausgehend von der sozialpsychologisch fundierten Annahme, dass die Verhaltensrelevanz der Stadt als Marke durch das Ausmaß der Übereinstimmung zwischen dem Selbst- und Fremdbild der Stadt, das heißt zwischen Stadtidentität und Stadtimage, determiniert wird, [...] aufzudecken"[152] gilt, um mittels genauer Kenntnis der „Gaps" funktionale Anknüpfungspunkte für die „[...] dauerhafte Verankerung der Identität [der] Stadt [...]"[153] zu schaffen.

Die im beschriebenen Beispiel streng genommen zwar nicht widersprüchliche, so doch aber aufgrund der Abweichung einer eindeutigen Positionierung und effizienten Markenführung abträgliche Wahrnehmung gilt es also, gemäß BURMANN/MEFFERT, „[...] durch eine integrierte Gestaltung aller Identitätskomponenten und der Sicherstellung eines hohen Fits zwischen Identität und Image der Marke"[154] zu korrigieren.

Dass im Kontext der Berliner Stadtidentität Klaus Wowereit in seiner Rede gar anmahnt, das „mangelnde Selbstwertgefühl" nicht zu unterschätzen[155], zeugt von substantiellem innengerichteten Handlungsbedarf.

---

[151] s. Anhang I, S. 63 ff

[152] EBERT in: MEFFERT et al. 2005, S. 572

[153] ebd.

[154] BURMANN/MEFFERT in: MEFFERT/BURMANN/KOERS 2005, S. 74

[155] vgl. Anhang I, S. 63 ff

3.3 Berlin – Was wollen wir und wie kommen wir dorthin?

Vorweg: Es ist davon auszugehen, dass im Rahmen des Berliner Stadtmarketing sämtliche der in BORNEMEYERS Zielkatalog (vgl. Kapitel 2.3) genannten allgemeinen Ziele Berücksichtigung finden: Die BTM-Kampagne „Visit Berlin" fokussiert den Bereich Tourismus, das Programm „Service-Stadt Berlin"[156] des Senats zielt auf die Verwaltungsmodernisierung sowie die Verbesserung des Services und der Qualität der städtischen Dienstleistungen, die Zentrale Anlauf- und Koordinierungsstelle für Unternehmen (ZAK) bietet Unterstützung bei Unternehmensansiedlungen und Investitionsvorhaben – um nur einige Aktivitäten zu nennen.

3.3.1 Identitätsorientiertes Stadtmarketing für Berlin

Wie Ziele des Stadtmarketing i.d.R. nicht isoliert zu betrachten sind (vgl. Kapitel 2.3), so finden sich ihrer mehrere wieder im Vorhaben Berlins, mittels einer *Dachmarkenstrategie*[157] „[...] die gemeinsame Kommunikation für Berlin [zu stärken]", um „Berlin [..] zu einer starken Marke in Europa aus[zubauen] [...]."[158]

Dem in Kapitel 3.2.2 beschrieben Handlungsbedarf folgend, sind als vordergründiges Ziel auf der einen Seite die (bereichsweise) Korrektur und die anschließende nachhaltige Pflege des Stadtimages zu nennen (Zielgruppe: *Externe*), sowie auf der anderen Seite die nachhaltige Verbesserung der Identifikation der Ortsansässigen mit „ihrer" Stadt (Zielgruppe: *Interne*) und, damit einhergehend, die Förderung der Zusammenarbeit wichtiger Handlungsträger in der Stadt.

Die Markenstrategie, so die Senatskanzlei, solle der Stadt helfen, „[...] sich positiv im Konzert der europäischen Metropolen zu positionieren,"[159] womit letztlich eine vorteilhafte Basis für weitere Zielorientierungen, wie z.B. Steigerung der Wettbewerbsfähigkeit, des finanziellen Handlungsspielraumes, der Einwohnerzahl oder der Attraktivität der Stadt insge-

---

[156] Mit den Handlungsfeldern: „Bürger- und Wirtschaftsservice", „Aktive Bürgergesellschaft – Teilhabe von Bürgerinnen und Bürgern an Entscheidungsprozessen", „Strategie und Steuerung", „Verwaltungseffizienz und Personalmanagement".

[157] Da das Stadtprodukt als Leistungsbündel aus verschiedenen Teilprodukten besteht (vgl. Kapitel 2.1), sind Stadtmarken i.d.R. als **Dachmarken** zu verstehen (vgl. HESS 2003, S. 34); die Dachmarke Berlin soll zudem als Referenzpunkt für alle weiteren städtischen Stadtmarketingaktivitäten dienen (vgl. Anhang III, S. 80)

[158] Quelle: BERLINER SENATSKANZLEI Online: Stadt des Wandels: FAQ. URL: http://www.berlin.de/stadtdeswandels/faq/ index.html; zuletzt zugegriffen: 14.09.2008

[159] ebd.

samt, geschaffen würde – die möglichen Wirkungsketten sind offenkundig.

In seiner Rede formulierte der Regierende Bürgermeister von Berlin die konkreten Ziele, von *innen* nach *außen*, wie folgt (vgl. Anhang I, S. 63 ff): Erstens wolle man das Selbstwertgefühl der Berlinerinnen und Berliner stärken, indem die „immensen Leistungen" der vergangenen Jahre ins Bewusstsein jedes Einzelnen gerückt würden; diese selbstbewussten Botschafter seien nötig für die Stadt, um sich durch „entschlossenes, klares und sichtbares Auftreten" zweitens im Wettbewerb mit anderen Metropolen zu behaupten; und drittens wolle man „Berlin als lockere und entspannte, als internationale und weltoffene Metropole zeigen, die Lebensfreude und Kreativität ausstrahlt und in der es Freude macht zu leben", darüber hinaus wollen man Berlin „als eine der Top-Städte im Bereich der Innovation und der Wissenschaft präsentieren, kompetent und wirtschaftlich attraktiv."

Elementarer Bestandteil der Strategie ist also ihre doppelte Orientierung: in der ersten Phase innen-, in der zweiten außengerichtet. Formal hieß es im Ausschreibungstext zur Kampagne (s. Anhang II, S. 78 ff; Hervorhebung: eigene): „Im Jahr 2008 sollen in einer internen Zielgruppen-Kampagne die Berlinerinnen und Berliner, die Berliner Unternehmen und Institutionen direkt angesprochen werden. Ziel soll es sein, die *Identifikation mit Berlin* zu stärken. Eine externe Zielgruppen-Kampagne soll sich 2009 an Investoren und internationale Multiplikatoren richten."

Nun eine *identitäts*orientierte Dachmarkenstrategie ins Zentrum der Stadtmarketingaktivität zu rücken, ist dem Ansatz geschuldet, wonach gemäß EBERT „[...] die Erzeugung einer emotionalen Zugehörigkeit [zwar] ein besonderes Anliegen des Stadtmarketing, [..] notwendige Bedingung für die Identifikation mit einer Stadt [jedoch] [..] deren kognitive Wahrnehmung [ist]."[160] Wie EBERT Stadtidentität definiert als „‚diejenigen raum-zeitlich gleichartigen Merkmale der Stadt, die aus Sicht der internen Zielgruppen in nachhaltiger Weise den Charakter der Stadt prägen'"[161], so will die Teil-Kampagne „sei Berlin" eben jene Merkmale, den gemeinsamen Nenner, „eruieren" („den Geist Berlins kondensieren"[162]) – frei nach dem Motto: Die Stadt bist du, erzähl deine Geschichte und wer-

160 EBERT in: MEFFERT et al. 2005, S. 567

161 ebd.

162 Quelle: BERLINER SENATSKANZLEI Online: Stadt des Wandels: Markenkampagne. URL: http://www.berlin.de/stadtdeswa ndels/markenkampagne/index.html; zuletzt zugegriffen: 14.09.2008

de Botschafter![163] –, um das stadtspezifische Kondensat dann im Zuge einer authentischen und effizienten Markenführung auch außengerichtet einzusetzen.

3.3.2 Die Kampagne in Kürze

Vorläufig auf zunächst zwei Jahre angelegt, startete die Kampagne „be Berlin" – im Rahmen des langfristig, mindestens aber bis 2011 angelegten Gesamtprojektes „Markenstrategie für Berlin" – am 11. März 2008. An ihrer Entwicklung waren die aus dem Ausschreibungsverfahren als Gewinner hervorgegangenen Agenturen mapvertise agentur (Berlin), Namestorm (München), WE DO communication GmbH (Berlin), Embassy (Berlin) und Fuenfwerken Design AG (Berlin) beteiligt; die Umsetzung und Koordination übernahm Berlin Partner.

3.3.2.1 Slogan und First Steps

Der englischsprachige Slogan wurde bereits im Hinblick auf die zweite, internationale Phase der Kampagne gewählt und wird in der ersten, innengerichteten Phase ergänzt durch die deutsche Übersetzung „sei Berlin". Der sich immer auf „sei berlin" auflösende Dreiklang (z.B. „sei stadt, sei wandel, sei berlin") folgt der Idee, dass in Berlin „[...] die unterschiedlichsten Menschen, Eigenschaften und Dinge aufeinander[treffen], [sich] ergänzen [] und [] zusammen etwas Neues [schaffen];"[164] Diese einzigartige Vielseitigkeit solle widergespiegelt werden, indem die Kampagne „ein realistisches Mosaik Berlins [zeichnet]."[165]

Auf die Eröffnungsrede des Regierenden Bürgermeisters folgte in seinem Namen eine (von der Deutschen Post unterstütze) Postsendung an alle Berliner Haushalte, mit der Aufforderung, sich an der Kampagne in Form von Veröffentlichung eigener „Geschichten" als Botschafter zu beteiligen (s. Abb. 6).

Zentrale Kommunikationsplattform der Kampagne ist die Website www.sei.berlin.de, auf der die individuellen Slogans und Kurzportraits

---

163 Vgl. Rede des Regierenden Bürgermeisters, Anhang I, S. 63 ff: „Es sind die Menschen, die Berlin ausmachen, die Berlinerinnen und Berliner. Sie sind Berlin. Sie sind die Botschafter unserer Stadt."

164 Quelle: BERLINER SENATSKANZLEI Online: Der Regierende Bürgermeister: Rathaus aktuell (Archiv). URL: http://www. berlin.de/rbmskzl/rathausaktuell/archiv/2008/03/11/97149/; zuletzt zugegriffen: 14.09.2008

165 ebd.

nach redaktioneller Prüfung den vier Rubriken[166] „Wirtschaft", „Kultur", „Wissenschaft" und „Leben" zugeordnet wurden; die Rubriken entsprechen dabei den im Senatsbeschluss formulierten Handlungsfeldern „Wirtschaft", „Kultur", „Wissenschaft" und „Soziale Stadt".[167]

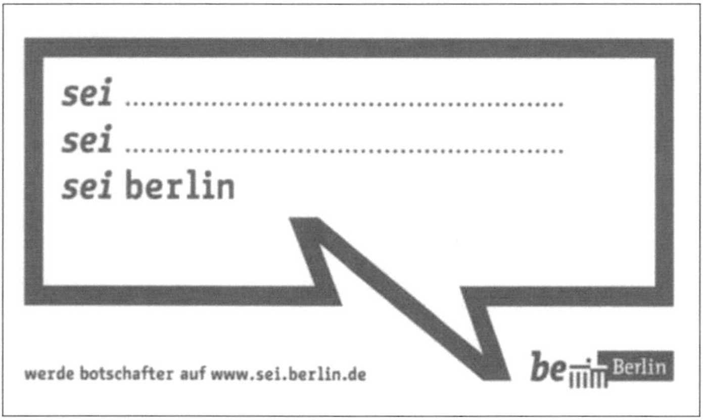

Abb. 6: Direct Mailing (Auszug), Auftaktmotiv „Wissenschaft"

(Postwurfsendung vom 12.03.2008)

---

166 Michael Sodar, Kampagnen- und Partnermanager bei Berlin Partner GmbH: „Diese vier Bereiche bilden die Stadt ab."

167 vgl. hierzu auch Anhang II, S. 78

Auf der Grundlage des einleitenden Direktmarketings und begleitender breiter Medienresonanz verstärkte die konzertierte Kampagne im weiteren Verlauf mit additiven Instrumenten wie u.a. Multimedia (Kampagnenfilm, Downloads wie Sounds, Screensaver etc.), Messen (Präsenz auf der Modemesse BerlinFashionWeek) und Außenwerbung (Plakate, Beflaggung der Rathäuser und Ämter, U-Bahn-Werbung etc.) ihre Präsenz im Stadtbild und im Wahrnehmungsbereich der internen Zielgruppen. Es zeigt sich, dass das Gros der Kommunikationsinstrumente *below-the-line*-Maßnahmen sind; diese entsprechen dem interaktiven Anspruch der identitätsorientierten Stadtmarketingaktivitäten Berlins und sind, bei vergleichsweise hohem Effizienzgrad, auch mit dem für die Kampagne zur Verfügung stehenden Budget umsetzbar.

Die begleitende Integration des „be Berlin"-Logos (s. Logo in Abb. 6, rechts unten im Bild) u.a. in den Schriftverkehr des gesamten städtischen Verwaltungsapparates und der Bezirke verstärkt die Präsenz zusätzlich – dass das Logo zudem der Vorgabe der Senatskanzlei folgt, das bestehende Berlin-Logo (Wort-Bild-Marke Brandenburger Tor mit Schriftzug „Berlin") nicht zu ersetzen, begünstigt dabei die Nutzbarmachung des Wiedererkennungswertes des etablierten Corporate Designs, womit außerdem eine Konfusion des gesamtstädtischen Kommunikationsdesigns vermieden wird. Kampagnentypisches grafisches Element ist die eckige rote Sprechblase, die das Formulieren und Senden von Botschaften symbolisiert.

3.3.2.2 Botschafter und Botschaften im Fokus

Wie der Regierende Bürgermeister in seiner Rede betonte, die Menschen seien Berlins größte Stärke[168] und würden daher im Mittelpunkt der Kampagne stehen, zielt die Kampagne auf die Mobilisierung deren Engagements: einerseits vordergründig für die Teilnahme an der Kampagne, andererseits darüber für die aktive Teilnahme an der zukünftigen Stadtentwicklung selbst. Neben der umfassenden Abbildung des Status Quo (Stadt des Wandels / Kreative Stadt) mittels Sammlung besagter Erfolgsgeschichten geht es also auch um Motivation: Du bist Berlin – habe nicht nur Teil, sondern beteilige dich auch. Hier kommt die Motivationsfunktion der Stadtidentität[169] zum Tragen, deren „Aufforderungscharakter" – bezogen auf Berlin noch unterstrichen durch den Kampagnen-Imperativ „sei

---

168 vgl. Anhang I, S. 63 ff

169 EBERT in: MEFFERT et al. 2005, S. 568: „Identifizieren sich die Handlungsträger mit ihrer Stadt und erkennen daraus spezifische Nutzenpotenziale, so regt die Stadtidentität kommunal bezogene Aktivitäten oder Handlungen an."

Berlin" / „be Berlin" – laut EBERT „[...] auf der aktiven Auseinandersetzung der Akteure mit ihrer Stadt beruht."[170]

So bestand einer der Bausteine der Kampagne darin, die Internen zur Formulierung eigener dem Dreiklang folgender Slogans aufzurufen, die „den Geist Berlins kondensieren" würden (vgl. Kapitel 3.3.1). Mit Unterstützung des ortsansässigen Außenwerbungs- und Stadtmöblierungsunternehmens Wall AG, der etablierten Lokalzeitung *Berliner Zeitung* und dem reichweitenstarken Onlineportal bild.de konnte der Wettbewerb rund 2.000 Botschaften mobilisieren; im Rahmen eines Fototermins vor dem Amtssitz des regierenden Bürgermeisters wurde im Juli 2008 der Gewinnerslogan der 17-jährigen Klara Martens („sei einzigartig, sei vielfältig, sei berlin") unter großem Medienecho als Großplakat über dem Haupteingangsportal des Roten Rathauses enthüllt.

Mit einem anderen Event wurden einen Monat zuvor die Geschichten-Erzähler als „Offizielle Botschafter Berlins" geehrt: Beim Botschafterempfang im Berliner Rathaus überreichte der Regierende Bürgermeister 15 ausgewählten Botschaftern das „Botschafterpaket", bestehend aus Urkunde, Medaille und einer Bonus-Card, das auch über 350 weiteren Botschaftern zugestellt wurde. Die Besonderheit des gewählten Instruments besteht in der Exklusivität des Events, die einen entscheidenden Beitrag zur nachhaltigen „Integration der Akteure"[171] leistet: Anerkennung und Würdigung von (herausragendem) Engagement sind grundsätzlich tragende Pfeiler einer Gegenseitigkeitskultur, wie sie auch jenseits kampagnenbezogener Aktivitäten in der Verleihung städtischer Auszeichnungen und Ehrungen Ausdruck findet.

Vor dem Hintergrund, dass die Kampagne von den Teilnehmenden und diese wiederum von der Kampagne als Präsentationsplattform wechselseitig profitieren, stellt sich die Stadtmarketingmaßnahme als Win-Win-Situation dar: So reichten neben Privatpersonen vor allem Öffentlichkeitsinteressierte wie Kleinunternehmer und Kulturschaffende sowie Initiativen, Organisationen und Projekte ihre Geschichten ein; u.a. eine Studentin der Fachhochschule für Technik und Wirtschaft Berlin (FHTW), die in einem Kurzportrait den Deutschen Preis für Wirtschaftskommunikation (DPWK), ein studiengangübergreifendes Event-Projekt und Aushängeschild der FHTW, vorstellte (s. Abb. 7).

---

170 EBERT in: MEFFERT et al. 2005, S. 568

171 vgl. ebd.

Abb. 7: Kampagnenwebsite (Auszug), Rubrik „Wirtschaft"

(URL: http://www.sei.berlin.de/; zuletzt zugegriffen: 23.08.2008)

Eine Auswahl aller Berlin-Geschichten, von denen bislang rund 400 veröffentlicht wurden, soll voraussichtlich Ende 2008 als Buch erscheinen, eine ausreichende Nachfrage vorausgesetzt.

3.3.2.3 Crossmediale und vernetzte Kampagne

Ein formales Hauptmerkmal der Kampagne ist ihre Crossmedialität, die durch das Vorhandensein diverser Rückkanäle nicht nur dem Anspruch der Interaktivität der identitätsorientierten Stadtmarketingmaßnahmen, sondern vor allem dem hohen Involvement der Zielgruppen genüge trägt.

Das Bespielen vieler unterschiedlicher Kanäle ermöglicht zudem eine zielgerichtete und in der Summe breite Erreichbarkeit der Zielgruppen und trägt zu einer nachhaltigen Verankerung in deren Bewusstsein bei. Um die Aufmerksamkeit sprichwörtlich am Leben zu halten, werden beständig neue Bausteine initiiert, die bis dato erreichte Kampagnenerfolge zwecks Verhinderung von Stagnation zementieren und ausbauen sollen.

So wurden die Onlineaktivitäten der Kampagne jüngst ergänzt um das „Berliversum", eine redaktionell vom Stadtmagazin *tip* und vom U-Bahn-TV *Berliner Fenster* begleitete Sammlung von „Gründen, Berlin zu lieben"; das Instrumentarium der Außenwerbung wurde u.a. ergänzt um Videobandenwerbung im Olympiastadion, dem Heimatstadion des lokalen Fußballerstligisten Hertha BSC, sowie um die laut Eigenwerbung „längste Liebeserklärung an Berlin", einem GroundStripe® auf den acht verkehrsträchtigsten Berliner S-Bahnhöfen, unterstützt von der in Berlin niedergelassenen, auf Out-of-Home-Medien und Stadtmöblierung spezialisierten Ströer-Gruppe.

Zusätzlich erhielt die zentrale Kommunikationsplattform der Kampagne, die Website sei.berlin.de, ein komplettes Makeover (s. Abb. 8), da gemäß Kampagnenverlauf Maßnahmen jüngeren Datums in den Vordergrund zu rücken waren.

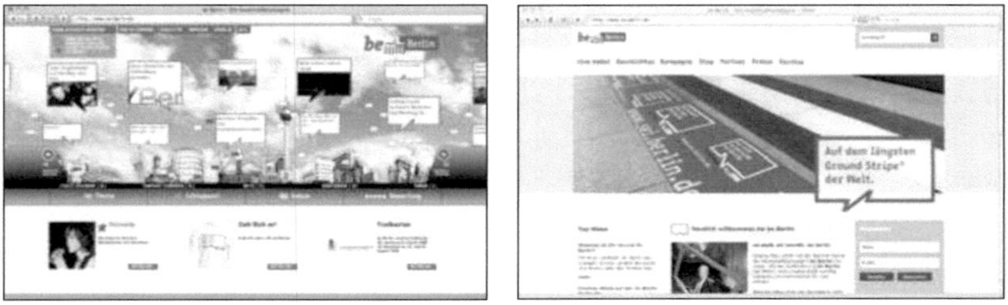

Abb. 8: Kampagnenwebsite (Auszug), alte und neue Startseite (v.l.n.r.)

(URL: http://www.sei.berlin.de/; zuletzt zugegriffen: 23.08.2008 bzw. 27.09.2008)

Die Schlagkraft der Kampagne liegt zudem in ihrer strukturellen Autonomie begründet: Zwar ist der Grad der Vernetzung u.a. mit der Kommunikationsinfrastruktur der Stadtverwaltung hoch, jedoch agiert insbesondere die zentrale Plattform sei.berlin.de eigenständig und wurde nicht, wie REMY das Vorgehen anderer Städte kritisiert, „[...] in die bestehende Website der Stadt ‚eingebunden' [...]"[172] und damit bereits während der Umsetzung zum „[V]erschwinde[n] von der Bildoberfläche"[173] verurteilt. So wird auf der Startseite des „Offiziellen Stadtportals der Hauptstadt Deutschlands – Berlin.de" zwar per prominent platziertem und aktuell angefeaturetem Link auf die Kampagne bzw. deren Website verwiesen (s. Abb. 9); die Funktionen der beiden Websites treten jedoch zueinander nicht in Konkurrenz, womit eine sowohl den allgemeinen städtischen Kommunikationszielen (Stadtproduktdarstellung und -information; Fokus: intern und extern) als auch den „sei Berlin"-Kampagnenzielen (Integration, Systemstabilisierung und Motivation;[174] Fokus: intern) abträgliche Konfusion vermieden wird.[175]

---

172 REMY 2006, S. 182f

173 ebd., S. 183

174 Vgl. EBERT in: MEFFERT et al. 2005, S. 567ff: Nutzenpotentiale und Funktionen stadtbezogener Identität.

175 In diesem Zusammenhang sei angemerkt, dass auch die BTM-Kampagne „Visit Berlin" über eine eigene Website verfügt; URL: http://www.visitberlin.de.

Abb. 9: Startseite Berlin.de (Auszug) mit Link zur Kampagne „be Berlin"

(URL: http://www.berlin.de/; zuletzt zugegriffen: 28.09.2008)

3.3.2.4 Der Zukunft zugewandt

Wie bereits deutlich wurde, sind mit der Kampagne – über die Selbstbildschärfung und die Verstärkung des Wir-Gefühls bzw. Wir-Bewusstseins hinaus – weitergehende Ziele verknüpft. Mittels Aktivierung der Nutzenpotentiale der Stadtidentität will die erste Phase („sei Berlin") ein tragfähiges Fundament schaffen, auf dem aufbauend sich Markenführung und Vermarktung des Stadtproduktes auch außengerichtet effizient und nachhaltige Erfolge zeitigend realisieren lassen.

Eine teilweise Substitutivität parallel existierender Zielvorstellungen im Grundsatz annehmend (vgl. Kapitel 2.1 - 2.4), schlussfolgert EBERT, dass „[n]eben den primär innengerichteten Teilleistungen der Integration, Systemstabilisierung und Motivation [] die Stadtidentität auch in der externen Perspektive des Stadtmarketing einen wichtigen Beitrag übernehmen [kann]"[176]: Demnach könne „[...] die stadtbezogene Soll-Identität eine wichtige Funktion als zukunftsbezogenes *Zielsurrogat* für die Markenführung übernehmen."[177] Die Stadtidentität, so EBERT weiter, „definiert somit das reflexive Selbstverständnis beziehungsweise die ‚strategi-

---

176 EBERT in: MEFFERT et al. 2005, S. 568

177 ebd.; Hervorhebung im Original

sche Mission' [der] Stadt und dient der akteursübergreifenden, einheitlichen und langfristigen Orientierung des Stadtmarketing."[178]

Jenes übergeordnete Zielsurrogat im Falle Berlins lässt sich mit dem aus charakteristischen Stadtspezifika kondensierten Markenkern „Stadt des Wandels / City of Change" treffend beschreiben, der EBERT folgend im Sinne der Stadtidentität zugleich „[...] als inhaltlich-mentaler ‚Kern' eine *Differenzierungsfunktion* gegenüber Konkurrenzstandorten über[nimmt]"[179] (vgl. hierzu auch Kapitel 3.2.1.3).

Will nun Berlin „[...] die Stärken der Stadt zu ökonomischen Chancen [] machen"[180], wie es die Senatskanzlei formuliert, geschieht dies über die Instrumentalisierung der internen Dimension der Identität zur Optimierung der Außenwahrnehmung (Image). In diesem Zusammenhang ist die von REMY getroffene eher populärwissenschaftliche Aussage, Identität und Image würden sich korrelativ verhalten wie „das Vorhandene und das Gewollte"[181], durchaus stimmig, sofern damit die prozessualen Prioritäten beschrieben werden.

Tatsächlich zielt die Kampagne in ihrer zweiten, außengerichteten Phase („be Berlin") wie beschrieben auf eine durch Profilschärfung und Imagekorrektur begünstigte Ansprache relevanter externer Zielgruppen wie Investoren, Unternehmen, internationaler Multiplikatoren etc. (vgl. Kapitel 3.3.1). Dass mit besonderer Betonung des kreativen Potentials der Stadt (vgl. hierzu insb. Kapitel 3.2.1.2 und 3.2.1.4) nun nach Motivation und Mobilisierung des internen die Hinzugewinnung externen Humankapitals forciert wird, ist nicht zuletzt der Erkenntnis geschuldet, wonach die langfristige Handlungs- und damit die Zukunftsfähigkeit insbesondere der metropolischen Stadt (vgl. *Indikatoren nach RICHARD FLORIDA*, Tab. 6), zumal einer Weltstadt wie Berlin, in erheblichem Maße an der ortstypischen Ausprägung der Kreativen Klasse (s. Tab. 7, S. 50) gemessen wird: Kreativität als „Triebkraft für den permanenten Wandel der Stadt" (s. Kapitel 3.2.2) einerseits, und als Investition in die Zukunft per se andererseits.

Vor diesem Hintergrund stellt sich die *high interest*-Gruppe der Kreativen bzw. die Kreativwirtschaft insgesamt als Key-Account des Berliner Stadtmarketing dar (vgl. Kapitel 2.4.3).

---

178 EBERT in: MEFFERT et al. 2005, S. 568f

179 ebd., S. 569

180 <u>Quelle:</u> BERLINER SENATSKANZLEI Online: Stadt des Wandels: Markenkampagne. URL: http://www.berlin.de/stadtdeswa ndels/markenkampagne/warum/; zuletzt zugegriffen: 14.09.2008

181 vgl. REMY 2006, S. 187

Klasse		Berufsgruppe (Beispiele)
Kreative Klasse	**Hochkreative Berufe** (Supercreative Core)	Informatiker, Mathematiker, Physiker, Architekten, Ingenieure, Beschäftigte in Bildung, Kunst, Design, Entertainment, Sport, Medien
	Kreative Berufe (Creative Professionals)	Management, Unternehmens- und Finanzbereich, Rechts- und Gesundheitswesen, technische Berufe
Herkömmliche Berufsklassen	**Arbeiterklasse**	Bauberufe, Installateure, Produktionsberufe, Transportwesen
	Dienstleistungsklasse	Einfache Tätigkeiten im Gesundheits- und Pflegebereich, Gastronomie, Reinigungsberufe
	Landwirtschaft	Bauern, Fischer, Förster

Tab. 7: Tätigkeitsklassen nach RICHARD FLORIDA

(BERLIN-INSTITUT FÜR BEVÖLKERUNG UND ENTWICKLUNG 2007, S. 5[182])

3.3.2.5 ...und das ist auch gut so.

Im Kontext der schwindenden Bedeutung der herkömmlichen Berufsklassen für den Wirtschaftstandort Berlin (mit Ausnahme der Dienstleistungsberufe), ist die Fokussierung Berlins auf zukunftsträchtige Felder logische Konsequenz. Der Regierende Bürgermeister stellt in seiner Rede nüchtern fest: „Berlin wird nicht mit geringen Lohnstückkosten Erfolg haben, sondern mit neuen Ideen und einem fruchtbaren Humus, auf dem Kreativität und Innovationen gedeihen. Darauf müssen wir unser Handeln abstellen."[183] Bereits jetzt würde es in Berlin „[...] in vorbildlicher Weise [gelingen], die Kreativwirtschaft mit allen Branchen zu verknüpfen. So wird Berlin nicht nur zum Mekka der ‚Kreativen Klasse', sondern schafft mit der Kreativwirtschaft auch Perspektiven für alle."[184]

3.4 Fazit

Inwieweit die Kampagne „be Berlin" ihre gesetzten Ziele erreicht, bleibt abzuwarten, zumal der Erfolg der Kampagne wesentlich vom Erfolg der begleitenden Maßnahmen abhängt. Als Barometer hierfür dient der Grad

---

182 Quelle: BERLIN-INSTITUT FÜR BEVÖLKERUNG UND ENTWICKLUNG (Hrsg.): „Talente, Technologie und Toleranz – Wo Deutschland Zukunft hat". Von STEFFEN KRÖHNERT, ANNEGRET MORGENSTERN, REINER KLINGHOLZ. Berlin, 2007. URL: http://www.berlin-institut.org/fileadmin/user_upload/Studien/TTT_Webversion.pdf; zuletzt zugegriffen: 01.08.2008

183 s. Anhang I, S. 63 ff

184 ebd.

der Post-Präsenz[185]: Wie stark wird sich der Slogan verselbständigen und die Message auch über die Dauer der Kampagne hinaus im Bewusstsein verankert bleiben?

Eine mündliche „Putzfrauenbefragung" („Was verbindest Du spontan mit dem Slogan ‚sei Berlin'?") einer nicht repräsentativen Stichprobe ortsansässiger Berlinerinnen und Berlinern, sowohl gebürtiger als auch zugezogener, durchgeführt rund ein halbes Jahr nach Kampagnenstart, ergab (n=4):

- Person 1, zugezogene Berlinerin: *„Berlin ist nicht mein Pflaster."*
- Person 2, zugezogener Berliner: „Gute Sache, aber ich brauch's nicht."
- Person 3, geb. Berliner: „Ich hab' mir den Bildschirmschoner runtergeladen."
- Person 4, geb. Berliner: „‚sei berlin'? Ich bin berliner."[186]

Betrachtet man die Anzahl der in eingereichten Berliner Erfolgsgeschichten (rund 400) in der Relation zur Einwohnerzahl (rund 3,4 Millionen), zeichnet sich auf den ersten Blick ein recht müdes Bild; da die federführende Agentur Berlin Partner jedoch zu ihren Erwartungen nicht Stellung nehmen wollte, kann über den Grad des Erfolg der Maßnahme keine fundierte Aussage getroffen werden, zumal in diesem Zusammenhang auch die Pageimpressions als Indikator für die Publizität zu berücksichtigen wären, über die ebenfalls keine Informationen vorliegen. Aufgrund der Crossmedialität und der Vernetzung der Kampagne ist aber insgesamt von einer hohen Reichweite auszugehen.

Bemerkenswert ist in jedem Falle die Tonalität des Slogans, zumal mit dem als Aufforderung und Einladung gleichermaßen zu verstehenden Imperativ „sei Berlin / be Berlin" ein Versprechen einhergeht: Der Maxime („Berlin ist der Ort des permanenten Wandels, der es jedem ermöglicht, einen großen Sprung nach vorne zu tun und etwas Neues zu entwickeln."; vgl Kapitel 3.2.2) folgend, promotet die „City of Change" analog zum sprichwörtlichen „American Dream" gewissermaßen einen einzigartigen „Berlin Dream": Wandel als Chance. Dieses Markenversprechen gilt es nun zu halten.

---

185 vgl. Remy 2006, S. 63

186 Der dem Slogan zugrunde liegenden Adjektivierung „berlin" folgend, ist „berliner" hier zu verstehen als Komparativ.

4 Schlussbemerkungen und Ausblick

4.1 Rückblick

Wie bisher deutlich wurde, ist das „Herz" des Stadtmarketing die Produktpolitik (*product*) (vgl. hierzu bes. Kapitel 2.3). Da der Handlungsspielraum bezüglich der Instrumente *price* und *place* verhältnismäßig begrenzt ist und der Wettbewerb sich zumeist „[...] auf der Ebene des augmentierten Produkts ab[spielt]"[187] (s. Abb. 1), sind – unter Berücksichtigung des von den unterschiedlichen Zielgruppen jeweils wahrgenommenen Kernnutzens – auf Augmentation zielende Entscheidungen der Produktpolitik insbesondere im Stadtmarketing von zentraler Bedeutung, zumal der Markt für Städte bekanntlich als weitestgehend gesättigt bezeichnet werden kann.[188]

Neben den Entscheidungen der Leistungs*gestaltung* (*product* und *price*) kommt, in Anlehnung an BRUHN, der Leistungs*darstellung* (*promotion*) eine weitere Schlüsselrolle zu, um die angebotenen Leistungen nachhaltig den relevanten Zielgruppen darstellen und mit den Anspruchsgruppen in Interaktion treten zu können.[189]

Fakt ist, dass nicht zuletzt infolge der Globalisierung Städte – und in besonderem Maße Metropolen bzw. sogenannte Global Citys und Weltstädte – neben dem regionalen bzw. nationalen auch im internationalen Wettbewerb stehen[190]; umso erforderlicher ist eine starke Markierung des jeweiligen Stadtproduktes, ist doch die Markenpolitik ihrerseits das „Herzstück"[191] der Produktpolitik. HESS' Annahme folgend, wonach „[...] Stadtmarken ein wichtiger Identifikationsanker [sind] und [..] Orientierung im Kommunikationsdickicht [bieten]"[192], sind sie für eine erfolgreiche außengerichtete Kommunikation als unerlässlich anzusehen – zumal,

---

[187] KOTLER/BLIEMEL 1995, S. 661. KOTLER/BLIEMEL beziehen sich, in Abgrenzung zur Bezugsebene des Wettbewerbs in Entwicklungsländern (*Erwartetes Produkt*), mit ihrer Aussage auf die „wirtschaftlich hochentwickelten Länder" (ebd.).

[188] Da Städte hier, wie auch sonst in der einschlägigen Stadtmarketingliteratur, unabhängig von ihrer Entstehung als organisch gewachsene Struktur oder Gründungsstadt als über einen längeren Zeitraum existent verstanden werden, sind in Gründung bzw. überproportionalem Siedlungswachstum befindliche Städte, z.B. sogenannte „Boomtowns" jüngeren Datums, von der Betrachtung ausgenommen.

[189] vgl. BRUHN 2004, S. 199

[190] vgl. HESS 2003, S. 33

[191] vgl. BRUHN 2004, S. 145

[192] HESS 2003, S. 33. HESS schreibt Stadtmarken Identifikations-, Orientierungs-, Kompetenz-, Vertrauens- und Imagefunktionen zu (vgl. ebd., S. 35).

wie EBERT betont, „[d]er Studie „Weiche Standortfaktoren" des Deutschen Instituts für Urbanistik aus dem Jahre 1995 zufolge [..] „zunehmend ‚weichen' Standortfaktoren [...] verstärkte Aufmerksamkeit beigemessen"[193] würde. Während diese ortstypisch ausgeprägten Faktoren wie z.B. Lebensqualität für Privatpersonen (Bewohner) einen hohen Stellenwert haben, sieht BALDERJAHN sie, unter Berufung auf dieselbe Studie, unter Standortmarketinggesichtspunkten als nachrangig an – obschon er einräumt, dass sie das „Zünglein an der Waage"[194] darstellen könnten, insbesondere dann, wenn eine Unterscheidbarkeit anhand „harter" Faktoren nicht oder kaum gegeben ist.

4.2 Ankerpunkt Stadtidentität

Je stärker die Stadt von Wanderungs- bzw. Segregationsprozessen betroffen ist, desto höher ist zudem der Stellenwert der in der Stadtmarke komprimierten Stadtidentität für die interne Kommunikation: „Die Existenz geteilter Normen- und Wertevorstellungen auf der Basis der Identität trägt zu einer Harmonisierung der Interessenlagen und somit zur Vermeidung eines nachträglichen Konfliktmanagements bei"[195], beschreibt EBERT die Systemstabilisierungsfunktion der Stadtidentität. Dies ließ sich am Beispiel der Dachmarkenstrategie Berlins exemplarisch illustrieren.

Unbeachtet blieb jedoch die Frage, inwieweit neben der Identifikation mit der *Stadt* eine Identifikation mit dem *Bezirk, Stadtteil* oder *Quartier* bzw. *Kiez* das Selbstbild der Bewohner beeinflusst, und welchen Effekt dies auf die Stadtidentität insgesamt hat.[196] Davon ausgehend, dass i.d.R. das soziale Leben zum überwiegenden Teil im unmittelbaren Nahbereich des Wohnortes organisiert ist („Kiezkultur"), können innerhalb des Stadtgebietes differierende soziale Systeme mit teils abweichenden Normen- und Wertevorstellungen angenommen werden (wobei Austauschbeziehungen, bspw. durch Arbeitsplatz o.ä., fraglos existieren).

Abzulesen ist dies am unterschiedlichen Image der einzelnen Berliner Bezirke und Ortsteile: Mit Steglitz-Zehlendorf, Mitte, Charlottenburg-Wilmersdorf oder Spandau verbinden sich individuelle Images, obschon sie allesamt unter dem gemeinsamen Dach „Berlin" firmieren. Als im

---

193 vgl. GRABOW et al. 1995, zitiert bei EBERT in: MEFFERT et al. 2005, S. 564

194 BALDERJAHN 2000, S. 49

195 EBERT in: MEFFERT et al. 2005, S. 568

196 Dieser Identifikationsradius wird vergleichbar auch in Studien berücksichtigt, die Fragen wie *Fühlen Sie sich in erster Linie als Deutscher oder als Europäer?* nachgehen.

Rahmen der Berliner Verwaltungsreform zum 1. Januar 2001 die ehemals 23 Bezirke zu formal 12 Stadtbezirken zusammengelegt werden sollten, kam es zum Protest: Insbesondere der Szenestadtteil Prenzlauer Berg bangte um seine Identität, sollte er doch nicht nur mit Weißensee und Pankow fusioniert, sondern zum Ortsteil degradiert nicht einmal mehr im neuen gemeinsamen Bezirksnamen (*Pankow*) erwähnt werden. Die vormals eigenständigen Bezirke Friedrichshain (ehemals Berlin-Ost) und Kreuzberg (ehemals Berlin-West) gedenken ihrer Zwangsvermählung zum Bezirk Friedrichshain-Kreuzberg bis heute mit einer alljährlichen Tomaten-und-faule-Eier-Schlacht auf der die beiden Ortsteile verbindenden Brücke über der Spree.

Der Identifikationsradius definiert sich demnach in der Relation zum jeweiligen Gegenüber sowie anhand des Bekanntheitsgrades des Referenzpunktes; d.h.: Wenn Berliner untereinander als „Zehlendorfer“, „Wilmersdorfer“ etc. firmieren, würden sie bspw. in Hamburg, Paris oder New York zuvorderst angeben, „Berliner“ bzw. „from Berlin“ zu sein. Innerbezirklich oder im Falle besonderer Ortskenntnis/-bekanntheit können wiederum sogar markante Straßenzüge, Plätze oder Quartiere bzw. Kieze als territoriale Referenzpunkte fungieren.

Wie EBERT bei der Übertragung des identitätsorientierten Ansatzes der Markenführung in den Stadtmarketingkontext auf Parallelen zu der Rolle von Mitarbeitern in Unternehmen verweist,[197] lassen sich solche intrabezirklichen Identitätskonstrukte mit denen von Teams oder Abteilungen vergleichen, die ihre individuellen Codizes und darüber eine ihnen eigene Gruppendynamik kultivieren. Neben einer natürlichen Konkurrenz steht vor allem die Stärkung des Zusammenhaltes im Vordergrund.

Diese Heterogenität der städtischen Anspruchsgruppen ist unter Stadtmarketinggesichtspunkten nicht zwingend kontraproduktiv, reflektiert sie doch die Vielfältigkeit der Stadt. Wenn jedoch Normen- und Wertvorstellungen der Gruppen eklatant voneinander abweichen oder sich sogar diametral gegenüberstehen, ist der soziale Frieden und damit die Grundlage für eine gemeinsame Identität nachhaltig gestört – zeichnet sich ein solcher Fall ab, wäre mit adäquaten Maßnahmen frühzeitig gegenzusteuern.

---

[197] vgl. EBERT in: MEFFERT et al. 2005, S. 569

4.3 Ausblick

Der Stellenwert des Stadtmarketing im Allgemeinen und des identitätsorientierten Stadtmarketing im Besonderen wird zukünftig steigen, da u.a. sozio-ökonomische, strukturpolitische und globaliesierungsbedingte Faktoren die Städte vor Herausforderungen stellen, denen mit nachhaltigen umfassenden Marketingkonzepten zu begegnen ist, um die Zukunftsfähigkeit der Stadt als Lebens-, Arbeits- und Wirtschaftsraum zu sichern und Wachstumschancen langfristig zu nutzen.

Obschon im Kontext der Politik formuliert, erscheinen die Ausführungen von Arbeits- und Wirtschaftsminister a.D. Franz Müntefering (SPD) im Rahmen des bayerischen Landtagswahlkampfes als Signal an alle Städte und Gemeinden, sich im Sinne einer nachhaltigen Profilierung im Wettbewerb auf die eigenen individuellen Stärken und Potentiale zu besinnen (Auszug aus der Rede[198] im Wortlaut):

> "[...] In einer globalisierten Welt werden die kleinen Einheiten und die Großen an Gewicht gewinnen. Um es klar zu sagen: Nicht der Landtag, nicht der Bundestag, sondern Europa wird an Gewicht gewinnen, und die Städte und Gemeinden und die Metropolen werden an Gewicht gewinnen. Und deshalb kommt es darauf an, dass Landesregierungen verstehen, dass eine Stadt ein Unikat ist. Dass es nicht darauf ankommt, dass der Minister oder die Ministerin jede kleine Einweihung vor Ort stattfinden lässt und sich die Feder an den Hut steckt, sondern dass die Städte und Gemeinden vieles selbst können, dass wir sie ermutigen müssen, ihren eigenen Weg selbst zu organisieren und zu gehen. Es gibt Städte mit sehr unterschiedlichen Entwicklungen in diesen Zeiten. Aber der Kick der Gesellschaft ist das, was da vor Ort stattfindet. Soziale Gesellschaft gelingt nur vor Ort. [...]"

Die Bedeutungsverschiebung zugunsten der Autonomie der Städte und Gemeinden nimmt diese in die Pflicht, ihrer Verantwortung gerecht zu werden – die Stadt: ein Unikat, die Stadtidentität: das Kapital. Bereits Ende der 1930er-Jahre schrieb DOMIZLAFF: „Die gute Werbung schöpft ausschließlich aus dem Ideenkreis der Markenware selbst."[199]

---

198 Rede Franz Münteferings im Rahmen des bayerischen Landtagswahlkampfes; München, am 08.09.2008.

199 DOMIZLAFF 1991, S. 113

5 Quellenverzeichnis

5.1 Literatur

BALDERJAHN, Ingo: Standortmarketing. Stuttgart: Lucius und Lucius, 2000.

BIRK, Florian / GRABOW, Busso / HOLLBACH-GRÖMIG, Beate (Hrsg.): Stadtmarketing – Status quo und Perspektiven. Difu-Beiträge zur Stadtforschung Nr. 42. Berlin: Deutsches Institut für Urbanistik, 2006.

BIRK, Florian / LEPPA, Gerold in: BUNDESVEREINIGUNG CITY- UND STADTMARKETING DEUTSCHLAND E.V. (Hrsg.): Stadtmarketing – Stand und Perspektiven eines kooperativen Stadtmanagements. Aachen: Shaker, 2002.

BORNEMEYER, Claudia: Erfolgskontrolle im Stadtmarketing. Lohmar; Köln: Eul, 2002.

BRUHN, Manfred: Marketing. 7., überarbeitete Auflage. Wiesbaden: Gabler, 2004.

BURMANN, Christoph / MEFFERT, Heribert in: MEFFERT, Heribert / BURMANN, Christoph / KOERS, Martin (Hrsg.): Markenmanagement. Identitätsorientierte Markenführung und praktische Umsetzung. 2., vollständig überarbeitete und erweiterte Auflage. Wiesbaden: Gabler, 2005.

DEUTSCHES SEMINAR FÜR STÄDTEBAU UND WIRTSCHAFT (Hrsg.): City-Management – Ein Leitfaden für die Praxis. Bearbeitung/Redaktion: KURON, Irene / BONA, Annette. Berlin: DSSW Schriften 36, 2000.

DOMIZLAFF, Hans: Die Gewinnung des öffentlichen Vertrauens – Ein Lehrbuch der Markentechnik. Hamburg: Marketing-Journal, 1991. Entspricht der von DOMIZLAFF 1951 überarbeiteten und ergänzten 2. Auflage.

EBERT, Christian in: MEFFERT, Heribert / BURMANN, Christoph / KOERS, Martin (Hrsg.): Markenmanagement. Identitätsorientierte Markenführung und praktische Umsetzung. 2., vollständig überarbeitete und erweiterte Auflage. Wiesbaden: Gabler, 2005.

EICHSTÄDT-BOHLIG, Franziska / DREWES, Sabine in: HEINRICH-BÖLL-STIFTUNG (Hrsg.): Das neue Gesicht der Stadt. Strategien für die urbane Zukunft im 21. Jahrhundert. Berlin: Heinrich-Böll-Stiftung, 2006.

GERRIG, Richard J. / ZIMBARDO, Philip G.: Psychology and Life. 17. Auflage. Boston: Pearson, 2005.

GRABOW, Busso / HOLLBACH-GRÖMIG, Beate: Stadtmarketing – eine kritische Zwischenbilanz. Difu-Beiträge zur Stadtforschung Nr. 25. Berlin: Deutsches Institut für Urbanistik, 1998.

HÄUSSERMANN, Hartmut in: HEINRICH-BÖLL-STIFTUNG (Hrsg.): Das neue Gesicht der Stadt. Strategien für die urbane Zukunft im 21. Jahrhundert. Berlin: Heinrich-Böll-Stiftung, 2006.

HESS, Alexander: Die Marke Berlin – Identitätsorientierte Markenführung im Stadtmarketing am Beispiel der deutschen Hauptstadt. Berlin: FHTW, 2003.

KLEE, Alexander / MEISSNER, Sabine / WIEDMANN, Klaus-Peter: Stadtmarketing – State of the Art und Gestaltungsperspektiven. 2. Auflage. Hannover: Universität Hannover, Lehrstuhl Marketing II, 2002.

KÖGLER, Elke: Analyse eines Stadtmarketingprozesses dargestellt am Beispiel der Stadt Teltow. Berlin: FHTW, 2006.

KONKEN, Michael: Stadtmarketing. Kommunikation mit Zukunft. 2. Auflage. Meßkirch: Gmeiner, 2006.

KOTLER, Philip / ARMSTRONG, Gary: Marketing – eine Einführung. Wien: Service Fachverlag, 1997.

KOTLER, Philip / BLIEMEL, Friedhelm: Marketing-Management. Analyse, Planung, Umsetzung und Steuerung. 8., vollständig neu bearbeitete und erweiterte Auflage. Stuttgart: Schäffer-Poeschel, 1995.

KOTLER, Philip / HAIDER, Donald / REIN, Irving: Standort-Marketing. Wie Städte, Regionen und Länder gezielt Investitionen, Industrien und Tourismus anziehen. Düsseldorf: Econ, 1994.

MAUER, Urban: Erfolgsfaktoren des Stadtmarketing. Frankfurt am Main: Peter Lang, 2003.

MEFFERT, Heribert / BURMANN, Christoph / KOERS, Martin (Hrsg.): Markenmanagement. Identitätsorientierte Markenführung und praktische Umsetzung. 2., vollständig überarbeitete und erweiterte Auflage. Wiesbaden: Gabler, 2005.

REMY, Volker: Die Imagefalle – Identitätsmarketing für Städte und Regionen im Zeichen der soziodemografischen Zeitenwende. Berlin: Graco, 2006.

TAZ - DIE TAGESZEITUNG. Gedruckte Ausgabe vom 6./7.09.2008, S. 29; Artikel: „Wieder mal Letzter".

THOMMEN, Jean-Paul / ACHLEITNER, Ann-Christin: Allgemeine Betriebswirtschaftslehre. Umfassende Einführung aus managementorientierter Sicht. 3., vollständig überarbeitete und erweiterte Auflage. Wiesbaden: Gabler, 2001.

WIECHULA, Angela: Stadtmarketing im Kontext eines Public Management. Stuttgart: Kohlhammer, 2000.

5.2 Internetquellen

AMT FÜR STATISTIK BERLIN-BRANDENBURG

AMT FÜR STATISTIK BERLIN-BRANDENBURG (Hrsg.): Berlin in Zahlen 2008

URL: http://www.statistik-berlin-brandenburg.de/produkte/Faltblatt_Brochure/berlin_in_Zahlen08_de.pdf;

zuletzt zugegriffen: 14.09.2008, 14:45 Uhr

→ Statistiken → Unternehmensregister

URL: http://www.statistik-berlin-brandenburg.de/;

zuletzt zugegriffen: 14.08.2008, 14:00 Uhr

→ Statistiken → Volkswirtschaftliche Gesamtrechnung

URL: http://www.statistik-berlin-brandenburg.de/;

zuletzt zugegriffen: 14.08.2008, 14:00 Uhr

BERLINER SENATSKANZLEI

Der Reg. Bürgermeister von Berlin – Senatskanzlei (Hrsg.): Die BerlinStudie – Strategien für die Stadt. Stand: Januar 2000.

URL:
http://www.berlin.de/imperia/md/content/rbmskzl/berlinstudie/berlin_studie1.pdf;

zuletzt zugegriffen: 01.08.2008, 13:00 Uhr

→ Stadt des Wandels → FAQ

URL: http://www.berlin.de/stadtdeswandels/faq/ index.html;

zuletzt zugegriffen: 14.09.2008, 13:45 Uhr

→ Stadt des Wandels → Markenkampagne → Verfahren → Ausschreibung

URL: http://www.berlin.de/stadtdeswandels/markenkampagne/verfahren/#ausschreibung;

zuletzt zugegriffen: 04.08.2008, 14:30 Uhr

→ Stadt des Wandels → Markenkampagne → Verfahren → Agenturbriefing

URL: http://www.berlin.de/imperia/md/content/stadtdeswandels/briefing.pdf;

zuletzt zugegriffen: 12.08.2008, 12:00 Uhr

→ Stadt des Wandels → Markenkampagne → Verfahren → Briefing

URL: http://www.berlin.de/stadtdeswandels/markenkampagne/verfahren/#briefing;

zuletzt zugegriffen: 04.08.2008, 14:00 Uhr

→ Stadt des Wandels → Markenstrategie → Senatsbeschluss

URL: http://www.berlin.de/stadtdeswandels/markenkampagne/beschluss/index.html;

zuletzt zugegriffen: 04.08.2008, 14:00 Uhr

→ Stadt des Wandels → Markenkampagne → Kooperationspartner

URL:.http://www.berlin.de/stadtdeswandels/markenkampagne/kooperationspartner/index.html;

zuletzt zugegriffen: 14.09.2008, 13:00 Uhr

→ Stadt des Wandels → BerlinBoard

URL: http://www.berlin.de/stadtdeswandels/berlinboard/index.html;

zuletzt zugegriffen: 14.09.2008, 13:30 Uhr

→ Stadt des Wandels → BerlinBoard → Ergebnisse

URL: http://www.berlin.de/stadtdeswandels/berlinboard/ergebnisse/index.html;

zuletzt zugegriffen: 14.09.2008

→ Der Regierende Bürgermeister → Rathaus aktuell (Archiv)

URL: http://www.berlin.de/rbmskzl/rathausaktuell/archiv/2008/03/11/97149/;

zuletzt zugegriffen: 14.09.2008, 14:00 Uhr

BERLIN-INSTITUT FÜR BEVÖLKERUNG UND ENTWICKLUNG

Berlin-Institut für Bevölkerung und Entwicklung (Hrsg.): „Talente, Technologie und Toleranz – Wo Deutschland Zukunft hat". Von KRÖHNERT, Steffen / MORGENSTERN, Annegret / KLINGHOLZ, Reiner. Berlin, 2007.

URL: http://www.berlin-institut.org/fileadmin/user_upload/Studien/TTT_Webversion.pdf;

zuletzt zugegriffen: 01.08.2008, 12:30 Uhr

BERLIN PARTNER

→ Publikationen → Broschüre „Willkommen in Berlin"

URL:http://www.berlin-partner.de/fileadmin/chefredaktion/documents/pdf_Publikationen_de/Willkommen_in_Berlin_de.pdf, zuletzt zugegriffen: 01.08.2008, 12:45 Uhr

→ Archiv → Imagekampagne 2002/2003

URL: http://www.berlin-partner.de/344/;

zuletzt zugegriffen: 01.08.2008, 15:00 Uhr

BERLIN TOURISMUS MARKETING GMBH (BTM)

→ Statistik

URL: http://www.visitberlin.de/deutsch/ueber-uns/d_uu_entwicklung.php;

zuletzt zugegriffen: 14.09.2008

BEZIRKSAMT CHARLOTTENBURG

→ Lexikon Charlottenburg-Wilmersdorf A-Z → Berlin Partner GmbH.

URL: http://www.berlin.de/ba-charlottenburg-wilmersdorf/bezirk/lexikon/berlinpartner.html;

zuletzt zugegriffen: 31.08.2008

DER SPIEGEL

Artikel „Hauptstadt – Grundgesetzt missachtet"; DER SPIEGEL 50/2007 vom 10.12.2007, S. 20.

URL: http://wissen.spiegel.de/wissen/dokument/87/80/dokument.html?titel=Grundgesetz+missachtet&id=54230878&top=SPIEGEL&suchbegriff=hauptstadtgesetz&quellen=&vl=0;

zuletzt zugegriffen: 01.08.2008, 14:30 Uhr

DEUTSCHE ZENTRALE FÜR TOURISMUS E.V. (DZT)

→ Reiseland Deutschland

URL: http://www.deutschland-tourismus.de/DEU/reiseland_deutschland/master_tlsight-id1045-fstadt_sight_allgemein.htm;

zuletzt zugegriffen: 01.08.2008, 14:50 Uhr

FOCUS ONLINE

Artikel „Wowereits Berlin-Slogan – ‚Arm, aber sexy'" in: Archiv. Stand: 19.10.2006, 11:15 Uhr.

URL: http://www.focus.de/politik/deutschland/wowereits-berlin-slogan_aid_117712.html; zuletzt zugegriffen: 03.08.2008, 16:30 Uhr

INITIATIVE NEUE SOZIALE MARKTWIRTSCHAFT / WIRTSCHAFSWOCHE

INITIATIVE NEUE SOZIALE MARKTWIRTSCHAFT / WIRTSCHAFSWOCHE (Hrsg.): Das StädteRanking - Update 2008.

URL: http://insm-wiwo-staedteranking.de/; zuletzt zugegriffen: 14.09.2008, 16:00 Uhr

→ Städteranking 2008 → Berlin

URL: http://insm-wiwo-staedteranking.de/2008_stadt_berlin.html;

zuletzt zugegriffen: 14.09.2008, 16:00 Uhr

KAMPAGNENWEBSITE SEI.BERLIN.DE

→ Kampagne → Rede (Stand: 11.03.2008, 14:15 Uhr)

URL: http://www.sei.berlin.de/index.php?id=20;

zuletzt zugegriffen: 01.08.2008, 17:00 Uhr

→ Geschichten

URL: http://www.sei.berlin.de/nc/geschichten/;

zuletzt zugegriffen; 27.09.2008, 15:00 Uhr

→ Kampagne

URL: http://www.sei.berlin.de/kampagne/;

zuletzt zugegriffen; 27.09.2008, 14:45 Uhr

ROSA-LUXEMBURG-STIFTUNG

→ Texte/Publikationen: FLIERL, Thomas / BEY, Wolfgang (Hrsg.): Die neue Hauptstadtdebatte. Verfassungsauftrag Hauptstadtgesetz. Berlin: Dietz, 2007. URL: http://www.rosalux.de/cms/index .php?id=15116; zuletzt zugegriffen: 01.08.2008

RUNDFUNK BERLIN BRANDENBURG (RBB)

Pressetext „Berlin Ein Metropolenmärchen" (Archiv)

URL: http://www.rbb-online.de/_/fernsehen/magazine/beitrag_jsp/key=rbb _beitrag_6999441.html; zuletzt zugegriffen 02.09.2008.

Stadt Bonn

→ Verwaltung → Bürgerdienste

URL: http://www.bonn.de/rat_verwaltung_buergerdienste/buergerdienste_online/buerger service_a_z/00774/index.html?lang=de; zuletzt zugegriffen: 01.08.2008, 10:15 Uhr

TAZ - DIE TAGESZEITUNG

Artikel „Hauptstadt-Finanzierung – Bund rückt endlich Scheinchen raus" in: Archiv. Stand: 26.10.2007.

URL: http://www.taz.de/regional/berlin/aktuell/artikel/1/bund-rueckt-endlich-scheinchen-raus/ ?src=MT&cHash=c4f2fbdfd1; zuletzt zugegriffen: 01.08.2008, 10:45 Uhr

Walter Siebel

Siebel, Walter: Was ist eine europäische Stadt? in: Europa Kultur Stadt – Beilage des Deutschen Kulturrates und der Kulturstiftung des Bundes in *politik und kultur*. Jan.-Feb. 2005, Ausgabe II, S. 1f.

URL: http://www.kulturrat.de/dokumente/eks/eks-II.pdf;

zuletzt zugegriffen: 13.08.2008, 14:45 Uhr.

Anhang

Anhang I: Rede des Regierenden Bürgermeisters von Berlin, Klaus Wowereit, zum Start der Markenkampagne „be Berlin"[200]

(Hervorhebungen: eigene)

Der Regierende Bürgermeister von Berlin, Klaus Wowereit, führte zum Start der Markenkampagne „be Berlin" am 11. März 2008 im Roten Rathaus laut Redemanuskript u.a. aus (Es gilt das gesprochene Wort.):

„Liebe Berlinerinnen und Berliner,

den ersten Beitrag zur neuen Markenkampagne haben Sie alle geleistet, indem Sie gekommen sind.

Die Gewerkschaften versuchen, das öffentliche Leben lahmzulegen[201]. Aber die Berlinerinnen und Berliner sind krisenerprobt – und sie sind solidarisch: Sie bleiben gelassen, tun sich zusammen und sind füreinander da. Ihnen ist es zu verdanken, dass das große Chaos ausgeblieben ist. Auch das ist Berlin: Das Leben nehmen wie es ist und das Beste daraus machen.

In diesem Sinne freue ich mich besonders, dass Sie gekommen sind, und begrüße Sie sehr herzlich zum Start unserer Markenkampagne!

***

Viele Städte und Länder machen Imagekampagnen. Die meisten sind Erfindungen von Werbefachleuten und Marketingagenturen. Wir machen das anders. Wir bauen auf Sie – auf die Berlinerinnen und Berliner. Sie machen diese Stadt so unverwechselbar, und sie machen auch diese Kampagne. Deshalb heißt unser Slogan ‚Sei Berlin!' – ‚Be Berlin!'

Berlin inspiriert und wird getrieben von ganz vielen Menschen mit Lebensfreude, ganz vielen Ideen und ebenso vielen Möglichkeiten, sie umzusetzen, etwas zu verändern und zu bewegen. Die australische Musikerin Kat Frankie hat es auf den Punkt gebracht: ‚Berlin macht mich zu einer besseren Musikerin, gerade wegen all dieser Gegensätze und der Erfahrungen, die ich hier mache.'

---

[200] Quelle: KAMPAGNENWEBSITE www.sei.berlin.de: Kampagne: Rede. Stand: 11.03.2008, 14:15 Uhr. URL: http://www.sei.berlin.de/index.php?id=20; zuletzt zugegriffen: 01.08.2008

[201] Zum Zeitpunkt der Rede wurden u.a. Teile des Berliner Öffentlichen Personennahverkehrs unbefristet bestreikt; Anm. d. Autors.

Die Menschen sind Berlins größte Stärke, egal woher sie kommen.

Berlin ist faszinierend, anziehend, bewegend. In der ganzen Welt, in Europa, in Deutschland und für die Berlinerinnen und Berliner selbst. Neulich sagte jemand, der viel in der Welt unterwegs ist: ‚Das Herz schlägt in Berlin doppelt so schnell wie anderswo.'

Aber so sehr uns alle der Rhythmus der Stadt fasziniert: Wir können noch mehr daraus machen. Wir müssen noch mehr daraus machen, damit alle etwas davon haben und um Berlin an die Spitze zu bringen.

Denn die Stadt und unser Land stehen vor großen Herausforderungen. Auch in Berlin spüren wir die Folgen der Globalisierung. Es gibt Tendenzen des Auseinanderdriftens von Stadtteilen und von sozialer Spaltung.

Mehr als eine viertel Million Berliner sind arbeitslos. Manche Familien leben in der dritten Generation von Stütze[202]. Zu viele Kinder kommen noch ohne ausreichende deutsche Sprachkenntnisse in die Schule und zu viele Jugendliche verlassen die Schule ohne Abschluss.

Auch in Berlin schlägt Perspektivlosigkeit zuweilen in rohe Gewalt um. Und natürlich spüren wir alle den **Wettbewerbsdruck**, der durch die Öffnung der Grenzen seit dem Fall der Mauer entstanden ist und der es vielen Menschen mit geringer Qualifikation erschwert, einen Job zu finden.

Das sind gewaltige Herausforderungen. Aber gerade unsere eigene Berliner Geschichte lehrt uns: sich abzuschotten und Mauern zu bauen, ist die falsche Antwort. Es kann nicht darum gehen, sich dem Wettbewerb zu verweigern und sich ins Schneckenhaus zurückzuziehen.

Berlin kann zum Modell für einen anderen Entwicklungspfad werden:

Zu einer Stadt, die niemanden aufgibt und von allen die Bereitschaft verlangt, Bildungsangebote wahrzunehmen.

Zu einer Stadt, die sich mit sozialer Ausgrenzung nicht abfindet, sondern in der **Tradition der ‚Europäischen Stadt'**[203] all ihren **Bürgerinnen und Bürgern Teilhabe ermöglicht**.

---

[202] Umgangssprachlich für Sozialhilfe bzw. Arbeitslosengeld II; Anm. d. Autors.

[203] Zur „europäischen Stadt" schreibt Stadtsoziologe SIEBEL: „In der über siebentausendjährigen Geschichte der Urbanisierung markiert die europäische Stadt den abweichenden Fall. Was sich in dem kleinen Anhängsel an die asiatische Landmasse, in Europa, seit dem 11. Jahrhundert herausgebildet hat, ist eine sehr junge und besondere Form von Stadt. Max Weber *[*1864 †1920, Mitbegründer der deutschen Soziologie als Wissenschaft; Anm. d. Autors*] hat zwei Merkmale als das historisch Besondere der europäischen Stadt herausgestellt: Marktwirtschaft und Selbstverwaltung. Diese Antwort genügt heute nicht mehr. Aber man kann die doppelte Richtung von Webers Fragestellung aufnehmen: Was Stadt ist, ergibt

Zu einer Stadt, die wirtschaftliche Leistungskraft und solidarischen Zusammenhalt fördert.

Zu einer Stadt, in der die Menschen gerne arbeiten, weil ihr Arbeitsplatz Sicherheit bietet, und kein unwürdiger Lohn bezahlt wird. – Berlin steht für ein solches Modell.

Globalisierung ist ein mächtiger Prozess, aber er ist gestaltbar. Man sieht die **Gestaltungsmöglichkeiten** nicht immer auf den ersten Blick. **Häufig braucht man Mut und Weitblick, um etwas zu bewegen**.

Die Kampagne zeigt Beispiele von Menschen, die Mut und Weitblick bewiesen haben. Es kommt auf jede und jeden Einzelnen an. **Für den Erfolg werden alle gebraucht**. Und **jeder kann sich einbringen und zum Erfolg der Stadt beitragen**.

‚Sei Berlin' – Das ist der Slogan unserer Markenkampagne. Seid mit ganzem Herzen Berliner. Macht mit! Ihr alle seid wichtig. **Auf Euch kommt es an**.

***

Warum eine Markenkampagne? Man könnte doch sagen, der Tourismus boomt und Berlin ist hip. Was will man mehr?

Am Anfang unserer Überlegungen stand eine widersprüchliche Wahrnehmung.

Die eine Seite: Wo immer man im Ausland hinkommt und sagt, ich komme aus Berlin, wird man beneidet. Man trifft auf Menschen, die Berlin cool finden und wieder kommen wollen. **Berlin gilt weltweit als angesagt.** Von den Stones bis Madonna haben wir das gerade wieder bei der Berlinale erlebt.

Andererseits ist der Funke noch nicht auf die ganze Stadt übergesprungen. Wir sind noch nicht die besten Botschafter unserer eigenen Stadt.

---

sich aus der Differenz zum Land, und was das Europäische ist aus der Differenz zu den Städten anderer Gesellschaften. Ich will fünf Merkmale [einer idealtypischen europäischen Stadt] vorschlagen: Präsenz von Geschichte [...]; Hoffnung auf Emanzipation [...]; Urbane Lebensweise [...]; Gestalt [...]; Geplante Stadt [...]." (Quelle: SIEBEL, Walter: Was ist eine europäische Stadt? in: Europa Kultur Stadt – Beilage des Deutschen Kulturrates und der Kulturstiftung des Bundes in *politik und kultur*. Jan.-Feb. 2005, Ausgabe II, S. 1f. URL: http://www.kulturrat.de/dokumente/eks/ eks-II.pdf; zuletzt zugegriffen: 13.08.2008)

Klar, für uns Berliner ist das höchste Lob: ‚Da kann man nicht meckern.' Aber, dass wir trotz unserer Mentalität noch mehr aus uns herausgehen könnten und bisher damit zögern, **das liegt an einem gespaltenen Bild, das Berlin abgibt. Nach innen und nach außen.** Und daran, dass noch immer viel Vergangenes nachwirkt.

Wir haben Menschen weltweit und in Deutschland nach dem Image unserer Stadt befragt und sind zu erstaunlichen Ergebnissen gekommen. Von der Berliner und der deutschen Bevölkerung wird Berlin überwiegend als lebenslustig und trendy gesehen. Auch Berliner und deutsche Unternehmer verbinden mit der deutschen Hauptstadt eine lockere, entspannte und dem Leben zugewandte, dynamische Stadt.

Wenn wir weltweit Privatpersonen nach ihrer Sicht auf Berlin fragen, verbinden sie mit der deutschen Hauptstadt etwas ganz anderes: nämlich vor allem die kompetente Stadt, mit guten Hochschulen, führend in der Wissenschaft und am Puls der politischen Macht. Mit diesem Profil belegt Berlin sogar weltweit einen Spitzenplatz vor London, Paris und New York.

Und auch Unternehmer aus aller Welt sehen in Berlin in erster Linie die kompetente, organisierte, ernsthafte und vernünftige Metropole.

Wir sehen also: **Berlin hat im In- und Ausland ein völlig unterschiedliches Image.** Hinzu kommt, dass die letzten zwei Jahrzehnte höchst widersprüchlich verliefen. Denn nach dem Rausch der Wiedervereinigung kam die Ernüchterung. Und manche Utopie der frühen 90er Jahre erlebte einen harten Aufprall in der Realität.

Viele Unternehmen in Ost und West mussten dichtmachen. Hunderttausende Industrie-arbeitsplätze gingen verloren. **Berlin war auf vielen Feldern Schlusslicht**. Und immer wieder gab es Hiobsbotschaften: vom Zusammenbruch einzelner Branchen über den Bankenskandal bis zur Haushaltsnotlage.

Nicht unterschätzen sollten wir auch das **mangelnde Selbstwertgefühl**, das viel mit dem Verlust eines großen Teils des Bürgertums zu tun hat – durch Vertreibung und Ermordung in der NS-Zeit, durch die Kollektivierung in der DDR-Zeit und durch den Verlust der industriellen Firmenzentralen im ‚alten' West-Berlin.

Die **Nachwirkungen sind immer noch deutlich spürbar**. Und doch haben wir eine Menge Neues geschaffen, das bereits an vielen Stellen aufleuchtet und immer mehr auch über die Stadt hinaus sichtbar wird. Es gibt viele Beispiele für Eigeninitiative, für Modellhaftes und Vorbildliches, für Innovationen ‚Made in Berlin'.

Und wenn ich sage, ‚wir haben eine Menge Neues geschaffen', dann meine ich mit ‚wir':

• Einfache Berliner Menschen, die plötzlich keinen Job mehr hatten und einen neuen Weg einschlagen mussten, sich neu erfinden mussten. Davon gibt es unendlich viele Beispiele in Berlin.

• ‚Wir' heißt aber auch Unternehmer mit Weitblick und Mut.

• Exzellente Wissenschaftlerinnen und Wissenschaftler in den Berliner Forschungsinstituten und Hochschulen.

• Hoch engagierte Lehrerinnen und Lehrer und Kitaerzieherinnen[204].

• Kreative Stadtplaner und Architekten.

• Menschen, die in nationalen und internationalen Institutionen und Medien arbeiten und seit dem Umzug von Parlament und Regierung Berlin als Hauptstadt mit gestalten und prägen, und

• ‚wir' heißt natürlich auch die Berliner Politik.

Wir alle haben in den letzten Jahren **viele kleine und große Leuchtfeuer** entzündet, die das Bild Berlins aufgehellt haben und Mut machen für die Zukunft.

Gut 18 Jahre nach dem Fall der Mauer hat die Stadt eine große Wegstrecke geschafft. **Die Berliner Wirtschaft wächst wieder und schafft neue Arbeitsplätze. Sie hat sich von Grund auf modernisiert und ist in weiten Teilen innovativ und wettbewerbsfähig**.

Berliner Industrieunternehmen sind erfolgreich auf den Märkten der Welt. Wir haben ein **hervorragendes Wissenschafts- und Forschungsangebot**, einen aktuellen **Nobelpreisträger** und **Universitäten**, die **im bundesweiten Exzellenzwettbewerb Erfolg** hatten. Die **Kreativwirtschaft blüht**. Unsere **Kultur strahlt weit über die Stadt hinaus**. Wir haben die **städtischen Finanzen saniert** und einen **Mentalitätswechsel auf vielen Gebieten** geschafft.

Als **Gastgeber der Fußball-WM 2006** haben wir Deutschland als lebensfrohes und gastfreundliches Land repräsentiert. **Berlin ist als Hauptstadt akzeptiert und steht im weltweiten medialen Fokus**.

Die Stadt ist zum Inbegriff einer kreativen und spannenden Metropole in der Mitte Europas geworden. Die Angelsachsen nennen das einen ‚Place to be'.

---

[204] Kita = Kindertagesstätte; Anm. d. Autors.

‚Place to be' heißt nicht ‚Stadt ohne Probleme'. Ich sagte es schon: Auch wir sehen die Spaltungstendenzen, wie sie fast alle großen Städte kennen. Aber wir schauen nicht tatenlos zu, sondern halten daran fest, dass unsere Stadt für alle da ist. Und tun alles, um **neben der wirtschaftlichen Kraft auch die Solidarität zu stärken**.

Berlin hat seit der Wiedervereinigung Großes erreicht. Mit der Markenkampagne wollen wir als erstes bewirken, dass wir selbst – die Berlinerinnen und Berliner – uns dieser immensen Leistungen noch mehr als bisher bewusst werden.

Wir haben – jeder auf seinem Feld – Grund zum Stolz. Und wer Stolz auf das Geleistete empfindet, ist der beste Botschafter in eigener Sache. **Berlin braucht viele gute Botschafter, um sich im Wettbewerb mit den anderen Metropolen der Welt zu behaupten**.

Die Markenkampagne ist ein erster Schritt, um entschlossener, klarer und sichtbarer aufzutreten. ‚Sei Berlin' heißt: **Wir wollen Berlin als lockere und entspannte, als internationale und weltoffene Metropole zeigen, die Lebensfreude und Kreativität ausstrahlt und in der es Freude macht zu leben**.

Und: **Wir wollen Berlin als eine der Top-Städte im Bereich der Innovation und der Wissenschaft präsentieren, kompetent und wirtschaftlich attraktiv**.

‚Sei Berlin' ist ein Appell: Erzählt, welche Ideen Ihr hattet und was Ihr geschafft habt! Erzählt Eure persönliche Geschichte!

Es sind die Menschen die Berlin ausmachen, die Berlinerinnen und Berliner. Sie sind Berlin. Sie sind die Botschafter unserer Stadt.

Die Kampagne startet mit vier Erfolgsgeschichten von Berlinerinnen und Berlinern, von prominenten und weniger prominenten. Wir werden sie gleich in einem Film sehen.

Berlin hat 3,4 Millionen Facetten, so viele wie unsere Stadt Einwohner hat. Berlin hat daher noch sehr viel mehr Geschichten zu erzählen, Geschichten vom gemeisterten Wandel und – trotz all der Schwierigkeiten, die Berlin auch prägen – Geschichten von der Veränderung zum Besseren. Seit es diese Stadt gibt, hat Berlin geblüht, gelebt und überlebt, weil Menschen hierherkamen, um hier ihre Träume zu leben, ihre Pläne zu verwirklichen.

Ich werde in den nächsten Tagen alle Berlinerinnen und Berliner anschreiben und sie bitten, uns ihre persönliche Erfolgsgeschichte zu schicken: per Post, telefonisch oder auf der Homepage www.sei.berlin.de. Wir stellen die Geschichten mit Fotos und Videos ins Internet, drucken sie auf Plakate und in Zeitungen, bringen sie ins Radio und ins Fernsehen. Andere Internetnutzer können sie lesen, bewerten, weiterempfehlen und kommentieren. Daraus werden neue Plakate, Anzeigen und Filmspots.

Wer uns seine Geschichte erzählt, wird so zu einem Teil der Kampagne, zu einem Botschafter Berlins.

Was macht eine Geschichte zur Erfolgsgeschichte?

• Sie sollte authentisch, originell und mutig sein. Was unterscheidet sie von anderen Ereignissen aus anderen Städten? Warum ist sie nur hier möglich?

• Sie sollte innovativ sein. Haben Sie etwas erfunden? Ist Ihre Story neu und in dieser Form noch nie dagewesen?

• Sie sollte engagiert sein. Unterstützen Sie Ihre Mitmenschen oder Nachbarn? Möchten Sie über besonders engagierte Menschen in Ihrem Umfeld berichten?

• Und: Sie sollte Spaß machen. Ihre Story sollte gefallen, erstaunen, zum Nachdenken anregen, stolz machen und imponieren. Vorbild sein und Mut machen.

Also: Schicken Sie uns Ihre Geschichte! Zeigen Sie, was Sie aus sich und aus Berlin gemacht haben!

***

Wir sind im Jahr 2008: Warum gerade jetzt eine Markenkampagne für Berlin? Wir stehen kurz vor einem bedeutenden Jahrestag: Im nächsten Jahr, am **9. November 2009,** wird sich die ganze Welt an die Ereignisse vor 20 Jahren erinnern, an den Tag, an dem sich die Mauer in Berlin öffnete und wir Deutschen das glücklichste Volk der Welt waren.

Dieser Tag hat die Welt verändert und Berlin ist das Symbol dieser Veränderung.

Was hat diese Stadt aus ihrer Freiheit gemacht? Wo ist Beispielhaftes entstanden? Wie sehen die Berlinerinnen und Berliner die Zukunft ihrer Stadt? Das werden sich viele im nächsten Jahr fragen, in Europa und rund um den Globus. Was hat Berlin getan,

• um den Wandel hin zu einer innovativen und wettbewerbsfähigen Industrie zu schaffen,

• um die Kreativen und die Talente aus aller Welt anzuziehen,

• um den sozialen Zusammenhalt in der Stadt zu sichern,

• um das Leben und die Wirtschaft umweltverträglich und klimaschonend zu gestalten,

• um allen Kindern eine Chance zu geben, unabhängig von ihrer Herkunftssprache?

Die Welt wird auf Berlin schauen. Wir sollten diese Chance nutzen und über unseren Weg reden. In diesem Jahr wird sich unsere Kampagne nach innen richten. Unter dem Motto ‚Be Berlin' werden wir im nächsten Jahr in der ganzen Welt den Namen Berlin präsentieren.

2009, also 20 Jahre nach dem Fall der Mauer, **ist der richtige Zeitpunkt, um über unsere Erfolge zu reden, mit ihnen für Berlin zu werben und Perspektiven für die Zukunft zu zeigen**.

Herzlichen Dank an dieser Stelle an die Deutsche Post AG. Sie ist der erste große Sponsor der Kampagne und sorgt dafür – wie könnte es anders sein –, dass die Einladung zum Mitmachen direkt in jeden Berliner Haushalt gelangt. Auch andere haben ihre Unterstützung in Aussicht gestellt. Das ist großartig, aber es müssen noch mehr werden.

Sie alle sind herzlich eingeladen mitzumachen. Berlin ist eine so wunderbare Stadt, da sollte es jedem Unternehmen leicht fallen zu sagen: Ich bin dabei und unterstütze die Kampagne. Also: Machen Sie die Kampagne zu Ihrer Sache! Werden Sie Teil von ‚Be Berlin'! Seien Sie Berlin!

***

Mit der Markenkampagne wollen wir nicht nur Berlin ‚verkaufen', so wie es ist. Wir wollen auch einen neuen Schub für Veränderungen, für Reformen in Berlin auslösen.

‚Sei Berlin' ist ein Appell zum Handeln, eine Ermutigung, neue Wege zu gehen. Und nach meinem Verständnis **soll Politik den Rahmen schaffen, damit Initiative gelingt und damit es sich lohnt zu investieren**.

In welche Richtung muss dieses Handeln gehen?

Berlin ist schon heute eine internationale Stadt. Aber wir können uns noch sehr viel mehr **zur Welt hin öffnen** und noch sehr viel mehr aus der **kulturellen Vielfalt** unserer Stadt machen. Von der frühkindlichen Sprachbildung über die ethnischen Ökonomien bis zur internationalen Vermarktung der Stadt.

Berlin ist schon heute eine lebenswerte Metropole, die sich in punkto **Lebensqualität** abhebt von vielen anderen Städten in der Welt. Aber: Vor uns liegen große Herausforderungen. Wir können mitten in Berlin zeigen, was es heißt, eine Stadt zu planen, in der alle ihren Platz haben.

Berlin ist schon heute ein ‚place to be' für alle Kreativen. ‚In New York ist Berlin eine Legende', sagt Wolfgang Joop zu Recht. Doch **wir müssen das kreative Potenzial noch mehr mit den strategischen Handlungsfeldern der Region verkoppeln**.

Berlins Wirtschaft ist schon heute in weiten Teilen innovativ und wettbewerbsfähig. Was jetzt ansteht, ist eine **klare Orientierung auf die Märkte der Zukunft**.

Berlin ist die **Hauptstadt Deutschlands**. Die **Akzeptanz bei den Menschen steigt merklich**. Wir spüren ihre Neugierde, ihre Faszination. Aber ist Berlin schon die Stadt, mit der die Menschen eine moderne **Metropole des 21. Jahrhunderts** verbinden**?**

***

Wir starten diese Markenkampagne im Roten Rathaus. Rund um uns herum findet ein rasanter Wandel statt. Ziehen wir mal in Gedanken einen Kreis mit einem Radius von fünf Kilometern um das Rathaus und schauen wir uns an, was sich hier in den nächsten Jahren verändern wird:

• Der triste Osthafen wird zum blühenden Zentrum für Medien und Entertainment.

• Am Alex[205], jahrelang das Aschenputtel unter den vielen Zentren der Stadt, entstehen neue, attraktive Shoppingangebote. Zwischen Rathaus und Klosterviertel, dieser städtebaulichen Wüste, wächst demnächst ein neues, urbanes Stadtquartier.

• Auf dem Schlossplatz wird noch in diesem Herbst mit dem ‚White Cube' ein Schaufenster der zeitgenössischen Bildenden Kunst geschaffen. Und mit dem Humboldt-Forum schließt sich die schmerzhafteste Lücke im Herzens Berlins.

• Rund um den Hauptbahnhof sitzen die Investoren in den Startlöchern und werden auf den alten Bahnflächen viel Neues schaffen.

• Und am Zoo[206] leuchtet mit dem Aussichtsrad nicht nur ein neues Wahrzeichen der Stadt auf, sondern die gesamte City West erhält durch viele Investitionen ein frisches und modernes Gesicht.

Gigantische bauliche Veränderungen also – mitten in der Stadt.

---

205 Alexanderplatz, Teil der sogenannten Berliner „City Ost"; Anm. d. Autors.
206 Zoologischer Garten; Anm. d. Autors.

Stellen wir uns jetzt einen Moment **Berlin in zehn oder 20 Jahren** vor und denken wir dabei nicht an die vielen neuen Gebäude, sondern an die Menschen. Welches sind die Geschichten, die erfolgreiche Berlinerinnen und Berliner dann erzählen werden? Und die wir **gemeinsam durch vorausschauendes Handeln** möglich machen können?

Ich stelle mir einen chinesischen Studenten aus Shanghai vor, der sich entschließt, für ein Promotionsprojekt in das weltweit an die **Spitze der Wissenschaft** gerückte Berlin zu gehen, um die Basis für seine Existenzgründung zu legen. Im Jahr 2008 musste er einen bürokratischen Hindernislauf absolvieren, um Einreiseerlaubnis, Immatrikulation, Wohnung, Arbeitserlaubnis und vieles andere mehr zu bekommen.

Ich stelle mir eine **Willkommenskultur** vor, mit der er in kürzester Zeit **alle Formalitäten aus einer Hand** erledigt bekommt. So macht man es den besten Talenten aus aller Welt leicht, nach Berlin zu kommen und sich für unsere Stadt zu begeistern.

Ich stelle mir eine Ingenieurin vor, spezialisiert auf Solartechnik und Absolventin des international führenden Berliner Studiengangs ‚Moderne Energietechnik'. Sie ist eine gefragte Frau und kann sich unter zahlreichen Angeboten in Berlin einen **Job mit Perspektive** aussuchen, weil **durch eine strategische Profilierung des Standortes alle wichtigen Player in Berlin vertreten** sind, der **Weltmetropole der erneuerbaren Energiewirtschaft**: von der Forschung über die Entwicklung bis hin zu Produktion und Vertrieb. Eine Erfolgsgeschichte.

Ich stelle mir ein zweijähriges Kita-Kind aus der vierten Generation türkischer Einwanderer im Wedding vor. Selbstverständlich versteht sich die Kita, wie alle in Berlin im Jahr 2020, als **Bildungseinrichtung**. Ihr Ziel ist, die doppelte Halbsprachigkeit vieler Kinder zu überwinden und eine zweisprachige Kompetenz zu entwickeln. Mehrsprachigkeit und die Kenntnis zweier Kulturen sind im 21. Jahrhundert von großem Vorteil. Und so vermittelt die Weddinger Kita Deutsch und Türkisch so, dass das Kind zum Schulbeginn beide Sprachen fließend beherrscht und dass es wie alle Kinder zu Beginn der Schulpflicht gleiche Startchancen hat. Auch durch die Schulen Berlins geht ein Ruck. Es wird zum Standard, dass alle an einem Strang ziehen:

- engagierte Lehrerkollegien,
- interkulturelle Moderatoren und Migrantenverbände,
- zuständige Verwaltungen und Quartiersmanagements,
- Kinder- und Jugendeinrichtungen in der Nachbarschaft,

- Unternehmen und Stiftungen sowie
- ehrenamtliche Helferinnen und Helfer.

Gemeinsam gelingt es ihnen, ehemals benachteiligten Kiezen und Schulen eine neue Perspektive zu geben. Und ich stelle mir vor, dass erfolgreiche Modelle Schule machen, also schnell und unkompliziert auf die vielen anderen Brennpunktschulen übertragen werden. Ich stelle mir vor, dass wir es in Berlin schaffen, dass kein Kind mehr ohne Abschluss die Schule verlässt. Das ist die zentrale Herausforderung im Bildungsbereich.

Ich stelle mir einen **Architekten und Stadtplaner** in zehn oder 20 Jahren vor: Mit der Realisierung seines städtebaulichen Konzepts auf einem der früheren Flughäfen Tempelhof oder Tegel schafft er ein Modell – ein Modell, das avantgardistische Architektur, generationenübergreifendes Wohnen und neueste ökologische Standards miteinander verbindet. Dafür gewinnt er einen renommierten internationalen Preis, der ihm Weltruhm verleiht.

Ich stelle mir 1.000 Frauen und Männer aller Altersgruppen vor, die an einem Weltkongress der Kreativen in Berlin teilnehmen, der im Jahr 2019 seinen 10. Jahrestag feiert. Berlin ist das Eldorado für all jene, die ein **inspirierendes Umfeld** suchen, um auf die richtigen Ideen für ein erfolgreiches Projekt zu kommen. Die Designer der Stadt beliefern die weltweit größten Unternehmen mit ihren Ideen. Und in Berlin gelingt es in vorbildlicher Weise, die **Kreativwirtschaft mit allen Branchen zu verknüpfen**. So wird Berlin nicht nur zum Mekka der ‚Kreativen Klasse', sondern schafft mit der Kreativwirtschaft auch Perspektiven für alle.

***

Berlin hat in den letzten 20 Jahren eine große Wegstrecke geschafft. Viele Einzelschritte standen im Zeichen der Wiedervereinigung und der Inneren Einheit. **Jetzt geht es darum, sich auf die nächsten 20 Jahre zu orientieren**.

Es geht darum, dass Berlin seine **wirtschaftliche Leistungskraft voll entfaltet** und gleichzeitig **solidarischen Zusammenhalt in einer lebenswerten Metropole schafft**. Es geht um **kulturelle Ausstrahlung**, um **Attraktivität für Kreative aus aller Welt**, um ein spannendes Stadtleben als **geistiges Zentrum** und als **Hauptstadt unseres Landes**. Gleichzeitig geht es darum, dass Berlin **Heimat und Lebensort** ist für dreieinhalb Millionen Menschen. **Beides müssen wir im Auge behalten**. Und beides macht auch den **Kern der Marke Berlin** aus: **Berlin ist weltoffen und erdverbunden zugleich**.

Ich habe eben gesagt: Wir brauchen eine neue **Willkommenskultur**. Nach meinem Verständnis ist dies **von zentraler Bedeutung für eine Strategie, mit der wir Berlin als eine durch und durch internationale Stadt profilieren**.

‚Sei Berlin' heißt, die Vielfalt zu leben und die Potenziale der Vielfalt zu nutzen. Das beginnt mit der **unkomplizierten Anerkennung von Berufsabschlüssen**, die im Ausland erworben wurden. Und das geht bis zur **demonstrativen Mehrsprachigkeit im öffentlichen Raum**.

Eine internationale Stadt ist eine Metropole, die mit der Welt verbunden ist und in der die Welt zu Hause ist. Die **Diskriminierungen abbaut** und ein **Miteinander auf gleicher Augenhöhe** ermöglicht. Die **gleiche Chancen für alle** bietet, egal welcher Herkunft, Religion oder Lebensweise. Und die Chancen dadurch gewinnt, dass Menschen mit unterschiedlichstem Hintergrund Aufgaben übernehmen, bei denen sie ihre **kulturelle Prägung** und ihre vielen **unterschiedlichen Sichtweisen einbringen** können.

Zum Beispiel als Repräsentanten Berlins in ihren Herkunftsländern. Ein solcher Ansatz hat nichts mit Sozialromantik zu tun, aber sehr viel mit optimaler Chancenverwertung.

Eine große Herausforderung ist die **Gestaltung unserer Stadt als urbane und lebenswerte Metropole**. Wer in der Welt herumgekommen ist, schätzt die **soziale Mischung Berlins**, das **hervorragende Angebot des öffentlichen Nahverkehrs**, die **flächendeckende Gesundheitsversorgung**, die **saubere Luft**. Die **hohe Lebensqualität** ist ein riesiger **Pluspunkt**, ein ‚asset'. Dass dies auch in 20 Jahren noch so ist, dafür müssen wir alle gemeinsam sorgen:

• als aufmerksame Bürgerinnen und Bürger, die hinsehen, wenn Unrecht geschieht,

• als gesellschaftlich verantwortliche Unternehmer, die sich für ihr Gemeinwesen engagieren, zum Beispiel als Stifter und Mäzene oder als ehrenamtlich Aktive in allen Bereichen unserer Stadt,

• als Stadtplaner und Architekten, wenn es darum geht, die zahllosen freien Räume zu gestalten,

• und als Politiker, die mit Programmen wie ‚Soziale Stadt' Rahmenbedingungen für ein solidarisches Miteinander in der Stadt schaffen.

Berlin kann **Modell für eine neue Balance zwischen bürgerschaftlichem Engagement und staatlicher Daseinsvorsorge** werden. Und in der Tradition der ‚Europäischen Stadt' zu einem Vorreiter für ein Stadtmodell, das **Menschen aller Schichten und Altersklassen** Platz bietet, und zwar nicht nur an der Peripherie, sondern **auch in der Innenstadt**.

Ich kann mir sehr gut vorstellen, die besten Architekten und Stadtplaner der Welt zu einer Internationalen Bauausstellung einzuladen, um hier beispielhaft zu zeigen, wie man erfolgreich dem **Auseinanderdriften von Teilen der Stadt entgegenwirken** kann. Das ist eine der größten Herausforderungen für die Metropolen der Welt. Warum sollte Berlin sich nicht vornehmen, **Referenzstadt für ein Stadtmodell der Zukunft** zu werden, das die solidarischen Kräfte stärkt und soziale Spaltung vermeidet.

Zusammenhalt erfordert Bürgersinn und wir können in Berlin auf eine **große Tradition eines gelebten Bürgersinns** zurückblicken. Denken wir nur an die Schätze der Museumsinsel, die wir großzügigen Mäzenen wie James Simon zu verdanken haben. Die Nazis haben mit dem Völkermord an den europäischen Juden diese große Tradition jüdischen Mäzenatentums zerstört.

Heute knüpfen viele Berlinerinnen und Berliner an diese Tradition an. Und jede einzelne Geschichte ist es wert, erzählt zu werden.

Denn Berlin braucht Persönlichkeiten, die nicht nur an sich, sondern an das Wohl der Stadt denken. Frauen und Männer, die Mut zu neuen Wegen haben. Die Brücken bauen zwischen den Generationen. Die notwendige Reformen anstoßen. Menschen, die Gesicht zeigen, wenn es darum geht, Toleranz und Respekt vor Unterschieden gegen die Feinde der offenen Gesellschaft zu verteidigen.

Das ist es, was eine moderne Stadtgesellschaft ausmacht. Und ich freue mich sehr, dass sich einige hervorragende Persönlichkeiten aus Berlin und darüber hinaus bereit erklärt haben, im **BerlinBoard** mitzuwirken und gemeinsam mit uns wegweisende Projekte für die Zukunft Berlins zu erarbeiten.

‚Sei Berlin' ist daher auch ein Leitbild für die Entwicklung Berlins, einer Stadt, die von einer lebendigen und solidarischen Bürgergesellschaft getragen wird, die offene Räume zum kreativen Experimentieren bietet und in die jede und jeder etwas einbringen kann.

Entscheidend für die Zukunft ist, dass wir **Berlin als eine Stadt der Chancen für möglichst viele Berliner und Besucher erlebbar machen**.

Berlin gilt als eine der innovativsten Metropolen Europas. Wenn wir aber an Berlin in zehn oder 20 Jahren denken, dann stehen wir mit Vielem noch am Anfang.

Wenn wir die Talente aus aller Welt gewinnen wollen, dann müssen wir ihnen Bedingungen bieten, die besser sind als anderswo, Bedingungen, unter denen sie Nobelpreise gewinnen oder sich an Forschung, Entwicklung und Produktion von Weltmarktführern beteiligen können. Erst dann wird es uns gelingen, Topleute zu halten.

Berlin wird **nicht mit geringen Lohnstückkosten** Erfolg haben, **sondern mit neuen Ideen und einem fruchtbaren Humus, auf dem Kreativität und Innovationen gedeihen**. Darauf müssen wir unser Handeln abstellen.

Für das Kompetenzfeld Umwelt und Energie und die erneuerbaren Energien beispielsweise heißt das konkret: Wir brauchen eine umfassende Strategie, um Berlin als Stadt der erneuerbaren Energien zu profilieren und um sie mit dieser Branche an die Weltspitze zu bringen.

Und für die internationale Positionierung heißt dies, dass wir Berlin als Referenzstadt für einen entschlossenen Klimaschutz verstehen, als Ort der Produktion und der Anwendung moderner Technologien, und dass wir uns **konsequent auf die Wachstumsmärkte,** beispielsweise im Golfraum und in Asien, **ausrichten** und unsere Leistungen und Produkte **,Made in Berlin' anpreisen**.

***

,Sei Berlin': Das ist nicht nur ein Lebensgefühl. Es ist auch eine Aufgabe für uns alle. Edzard Reuter hat einmal gesagt: ,Eine wahre Hauptstadt (...) muss an der Spitze stehen, wenn es um Mut geht und um Experimente.'

,Sei Berlin' ist eine Einladung, sich mit der eigenen Hauptstadt und ihrer nationalen wie internationalen Rolle auseinanderzusetzen. **Eine Einladung an die Berlinerinnen und Berliner,** die manchmal noch zu wenig die bundespolitische und internationale Rolle ihrer eigenen Stadt wahrnehmen.

Und **,Sei Berlin' ist auch eine Einladung an die Vielen, die in den letzten Jahren nach Berlin gekommen sind** und hier nationale und internationale Aufgaben wahrnehmen, sich und ihre Erfahrungen in die Stadt einzubringen und sich als Botschafter Berlins zu verstehen.

Diese besondere Stadt Berlin wird weltweit auch als eine besondere Hauptstadt wahrgenommen. Sie ist Metropole geworden, wie es andere schon lange sind, aber in dieser **‚unfertigen' Stadt** bewegt sich viel mehr als in den vielen ‚fertigen' Metropolen.

Wir haben allen Grund zur Zuversicht. Und die Kampagne wird zeigen: Wenn wir uns von den vielen kleinen und großen Geschichten anstecken lassen, wenn der Funke auf die ganze Stadt überspringt und wenn wir selbstbewusst unsere Geschichten der Welt erzählen, wird Berlin nicht nur Ansehen gewinnen; es werden sich auch die Maßstäbe für unser Handeln verändern. Mit dieser Kampagne setzen wir einen neuen Maßstab. Wir wollen ‚an der Spitze stehen, wenn es um Mut geht und um Experimente.'

Die Stimmungswende in der Stadt nach den Jahren des Aufräumens ist ja deutlich spürbar. Die Stadt blickt wieder optimistisch nach vorn und gewinnt an Selbstbewusstsein. Die Stadt erkennt ihre Möglichkeiten und der **anhaltende Tourismus-Boom** bestätigt die enorme **internationale Ausstrahlung** Berlins, **gerade für junge Menschen**.

Aber Berlin ist weit mehr als die angesagte Stadt voller Lebensfreude. Mit der Kampagne wollen wir auch zeigen: **Berlin ist ein attraktiver Wirtschaftsstandort in der Mitte Europas**.

Wir laden Neugierige aus aller Welt ein, sich Berlin anzusehen. Wir laden Unternehmen aus Deutschland, Europa und der ganzen Welt ein, nach Berlin zu kommen. Hier erleben sie eine Aufbruchstimmung, die neue Möglichkeiten schafft. Wir sind eine Super-Stadt, die Kraft und Power gibt. Jetzt ist der Zeitpunkt, an dem sich auch Investieren in Berlin lohnt.

Viele in der Welt schauen schon auf Berlin. Sorgen wir dafür, dass es noch mehr werden, indem wir unsere Geschichten erzählen und zeigen, was alles geht in Berlin. So werden wir alle zu Botschaftern unserer Stadt.

Nutzen wir gemeinsam den Rückenwind, den uns die vielen Sympathien in der Welt bringen.

Wie sagte einst Theodor Fontane, lange vor John-F. Kennedy? ‚Vor Gott sind eigentlich alle Menschen Berliner.'"

Anhang II: Ausschreibungstext[207] des Wettbewerbs für eine neue Dachmarke für Berlin

(Hervorhebungen: eigene)

[...]

3. Art und Umfang des Auftrags:

a) Entwicklung eines **Slogans für Berlin**

Für den Slogan ist die deutsche Sprache zu wählen; er soll aber in die wichtigen Fremdsprachen übersetzbar sein und **folgende Zielgruppen ansprechen:**

- **die Berlinerinnen und Berliner**

- **die Besucher der Stadt national und international**

- **Investoren national und international**

- **Meinungsbildner, Multiplikatoren**.

Der Slogan soll die besondere Tonalität Berlins reflektieren und sich mit den Slogans der wichtigsten Metropolen der Welt messen lassen können.

b) Kommunikationsdesign

Gesucht wird der graphische Auftritt der Kommunikation für Berlin: Schrift, Typographie, Farbe, ggf. graphische Elemente, Fotostil / Bildsprache.

Das Berlin-Logo (Wort/Bildmarke Brandenburger Tor mit Schriftzug Berlin) soll auch weiterhin Verwendung finden und nicht durch ein neues ersetzt werden.

Das Design muss in allen einschlägigen Medien anwendbar sein, im Internet ebenso wie in Fernsehspots, in Anzeigen, Broschüren, bei Messen und anderen Veranstaltungen. Es gibt keine Einschränkungen.

c) Konzeption / Kreation

Gesucht wird die kommunikative Grundidee, mit der Berlin künftig national und international für sich wirbt. Sie muss national und international tragfähig sein für Kampagnen jeder Art und für alle Zielgruppen, siehe Ziff. 3. Buchst. a).

---

[207] Quelle: Website der BERLINER SENATSKANZLEI: Stadt des Wandels: Markenkampagne: Verfahren: Ausschreibung. URL: http://www.berlin.de/stadtdeswandels/ markenkampagne/verfahren/#ausschreibung; zuletzt zugegriffen: 04.08.2008

Diese Grundidee muss die **Positionierung Berlins als „Stadt des Wandels", „City of Change"** umsetzen, medienübergreifend und für alle Institutionen des Landes Berlin einsetzbar sein.

Der Senat hat entschieden, für Berlin eine **neue Dachmarkenstrategie** zu entwickeln. Berlin soll zu einer starken Metropole in Europa ausgebaut werden. Dabei kommt **vier Leitthemen** eine besondere Bedeutung zu:

- **Wirtschaft und Arbeit**

- **Soziale Stadtentwicklung**

- **Kultur**

- **Bildung und Wissenschaft**

Die Dachmarken-Kampagne soll noch im Jahr 2007 entwickelt werden.

Im Jahr 2008 sollen in einer internen Zielgruppen-Kampagne die Berlinerinnen und Berliner, die Berliner Unternehmen und Institutionen direkt angesprochen werden. Ziel soll es sein, die Identifikation mit Berlin zu stärken.

Eine externe Zielgruppen-Kampagne soll sich 2009 an Investoren und internationale Multiplikatoren richten.

[...]

Das Gesamtprojekt ist vorerst auf fünf Jahre angelegt und wird jährlich evaluiert. Die Koordination liegt beim Regierenden Bürgermeister - Senatskanzlei. Entwicklung und Umsetzung der Markenstrategie erfolgen in Zusammenarbeit mit der Berliner Marketinggesellschaft Berlin Partner GmbH.

[...]

Anhang III: Agenturbriefing zum Wettbewerb für eine neue Dachmarke für Berlin

Auf Einladung der Berliner Senatskanzlei fand am Donnerstag, den 23. August 2007, im Berliner Rathaus ein mündliches Briefing für an der Ausschreibung (s. Anhang II, S. 78 f) Interessierte statt. Berlin Partner und Kleinundpläcking Markenberatung GmbH erläuterten das schriftliche Briefing anhand nachfolgender Präsentation[208].

Agenturbriefing – Inhaltliche Grundlagen der zu entwickelnden Markenstrategie; Chart 1 von 18

[208] Quelle: Website der Berliner Senatskanzlei: Stadt des Wandels: Markenkampagne: Verfahren: Agenturbriefing. URL: http://www.berlin.de/imperia/md/content/stadtdeswandels/briefing.pdf; zuletzt zugegriffen: 12.08.2008

Eine Markenstrategie für Berlin

Der Senat von Berlin hat am 21. Mai 2007 beschlossen, eine Strategie für die Positionierung und Kommunikation des Standortes Berlin zu entwickeln, um Berlin im Wettbewerb der Metropolen zu stärken. Es gilt nun, eine neue Dachmarkenkampagne zu entwickeln. Wir laden die Werbe-, Kreativ- und Kommunikationsszene ein, dazu ihre Ideen einzubringen.

Chart 2 von 18

Was macht Berlin aus?

Berlin. Eine Stadt spannungsreicher Gegensätze.

Berlin steht für politische Macht und gelebte Zivilcourage.
Berlin steht für weltoffene Kultur und eine liebenswürdig direkte Art.
Berlin steht für hohe Lebensqualität und eine einmalige Wissenschaftslandschaft.
Berlin steht für urbane Internationalität und originelle Persönlichkeiten.

Chart 3 von 18

Was macht den Wandel in Berlin besonders?

Berlin verändert sich. Seit jeher ist Berlin der Ort gesellschaftlicher, wirtschaftlicher, politischer und kultureller Entwicklung Deutschlands. Insbesondere nach dem Fall der Mauer hat die Stadt eine besondere Dynamik entwickelt. Berlin ist eine Hauptstadt im Wandel.

- Seit 1990 hat sich – statistisch gesehen – die Hälfte der Bevölkerung in Berlin ausgetauscht. Berlin ist attraktiv für junge Leute, die Kreativität und Freiheit suchen.
- Die Kreativszene Berlins befindet sich in einer starken Entwicklung. Die Zahl der umsatzsteuerpflichtigen Unternehmen der Kreativwirtschaft Berlins ist von 2000 bis 2005 um 30% gestiegen. Das Wachstum war mehr als doppelt so stark wie in anderen wichtigen Kreativstandorten. Berlin ist kreatives Unternehmertum.
- Das Stadtbild verändert sich. In den letzten Jahren haben alle wichtigen Architekten aus Deutschland und der Welt in Berlin betätigt. Dies zeigt, dass Berlin für Kreative ein wichtiger Standort ist. Berlins Mitte ist zu einem Zentrum geworden und entwickelt sich weiter. Berlin ist innovativ und das Stadtbild wandelt sich auch künftig dynamisch weiter.
- Berlin ist ein Brennglas deutscher Geschichte. Der Wandel der deutschen Geschichte war und ist angetrieben durch den Drang nach Freiheit und Unabhängigkeit der Menschen. Berlin ist die Bühne dieser Entwicklung.
- Berlin ist weltoffen, international und tolerant. Berlin gilt international als attraktive Stadt, das unvergleichbare Stärken hat. Immer mehr Menschen wählen Berlin als Ort, ihren Drang nach Veränderung umzusetzen.

Chart 4 von 18

Doch was macht Berlin einzigartig?

Berlin steht für Freiheit und Kreativität.
Unabhängigkeit und Toleranz sowie Jugend und Unternehmertum repräsentieren diese Stadt.

Freiheit und Kreativität sind die Triebkraft für den permanenten Wandel der Stadt.
Dieser Wandel ist der Markenkern Berlins.

Chart 5 von 18

Wie will sich Berlin langfristig positionieren?

Berlin. Die Stadt des Wandels.

Das Einzigartige an unserer jungen und toleranten Stadt ist das hohe Maß an Freiheit, Kreativität und Jugend. Nicht Stagnation, sondern Dynamik und Inspiration sind seit jeher die Triebkräfte fortwährender Erneuerung. Dieser Wandel soll auch in Zukunft das Alleinstellungsmerkmal der Stadt sein. Der Wandel in Berlin ist echt, nicht inszeniert, spontan wie evolutionär und findet auf allen Ebenen statt. Im Kleinen wie im Grossen, in Wirtschaft, Politik, Wissenschaft, Kultur und Gesellschaft.

Chart 6 von 18

Wie will Berlin wahrgenommen werden?

Das Erfolgsgeheimnis sind die Menschen dieser Stadt.

Berlin ist eine Stadt der Chancen. In Berlin kann jeder seine Ziele verwirklichen. Für uns sind deshalb die Bürgerinnen und Bürger die wahren Träger der Marke Berlin und des Wandels der Stadt. Sie nutzen die Freiheit dieser Stadt und verändern sich und ihre Umwelt. Sie und ihre Persönlichkeiten sind es, die diese Stadt so spannend und einzigartig machen. Ihre Ideen, ihr Engagement und ihre Unternehmungen sind es, die täglich neue Erfolgsgeschichten erzählen. Diesen soll Gehör verschafft werden. Nach innen wie nach außen: Bei den Berlinern und den Unternehmen Berlins, als auch bei Investoren und Touristen.

Chart 7 von 18

Wie lautet unsere Maxime?

Berlin ist der Ort permanenten Wandels, der es jedem ermöglicht, einen großen Sprung nach vorne zu tun und etwas Neues zu entwickeln.

Chart 8 von 18

Wen wollen wir womit ansprechen?

Wir wollen Bürger/-innen, Unternehmen der Stadt , Besucher und Touristen sowie potenzielle Investoren ansprechen. Sie wollen wir gewinnen. Schwerpunkte liegen dabei in den Themen Wirtschaft, Wissenschaft, Kultur und Stadtentwicklung.

Chart 9 von 18

Wie ist die Gesamtkampagne zeitlich aufgebaut?

Nach der Entwicklung der Dachmarkenkampagne in 2007, werden in den Jahren 2008/09 vertiefende Zielgruppenkampagnen ausgeschrieben. Im ersten Jahr richtet sich der Fokus nach innen. Hier soll die Identifikation der Bürger/-innen, Unternehmen und Institutionen mit ihrer Stadt gestärkt werden. Im Folgejahr wird sich eine internationale Kampagne an Investoren und Multiplikatoren wenden.

Chart 16 von 18

Nachfolgend einige der dokumentierten Antworten auf Fragen, die von Teilnehmern während des Briefings gestellt wurden[209]:

[...]

8. Werden andere Berlin-Kampagnen wie z. B. die BTM-Kampagne parallel laufen? Die Zielsetzung ist die Entwicklung einer Dachmarkenstrategie, anhand der zukünftig alle andere Kampagnen ausgerichtet werden sollen.

[...]

10. Warum wurde beim Patentamt die Marke „Berlin. City of Change." eingetragen? Die Eintragung beim Patentamt hat keinen Bezug zu der Ausschreibung und dient nur dem Schutz der Positionierung.

[...]

[209] Quelle: Website der BERLINER STAATSKANZLEI: Stadt des Wandels: Markenkampagne: Verfahren: Briefing; URL: http://www.berlin.de/stadtdeswandels/markenkampagne/verfahren/#briefing; zuletzt zugegriffen: 04.08.2008. Hervorhebungen im Original